精工细作

北京地区明清家具研究与鉴赏

李梅　著

北京出版集团公司
北京美术摄影出版社

图书在版编目（CIP）数据

精工细作 ：北京地区明清家具研究与鉴赏 / 李梅著. —
北京 ：北京美术摄影出版社，2015.12
ISBN 978-7-80501-887-4

I. ①精… II. ①李… III. ①家具—研究—中国—明
清时代②家具—鉴赏—中国—明清时代 IV.
①TS666.204

中国版本图书馆 CIP 数据核字 (2015) 第 294101 号

精工细作

北京地区明清家具研究与鉴赏

JINGGONG XIZUO

李梅 著

出　版 北京出版集团公司
北京美术摄影出版社
地　址 北京北三环中路 6 号
邮　编 100120
网　址 www.bph.com.cn
总发行 北京出版集团公司
发　行 京版北美（北京）文化艺术传媒有限公司
经　销 全国新华书店
印　刷 北京方嘉彩色印刷有限责任公司
版　次 2015 年 12 月第 1 版第 1 次印刷
开　本 889 毫米 ×1194 毫米　1/16
印　张 13.75
字　数 198 千字
书　号 ISBN 978-7-80501-887-4
定　价 89.00 元
质量监督电话 010-58572393
责任编辑电话 010-58572703

目录 CONTENTS

第一章

发现与研究

第一节　我国古代家具的演化　002

第二节　我国古代家具的研究成果与现状　007

第三节　本书结构　012

第二章

北京地区早期家具概述

第一节　我国古代早期家具的演变特点　016

第二节　北京地区早期家具的发现　019

一、汉代的漆器家具　019

二、辽金时期的家具　022

三、元代的家具　030

第三章

美坚朴妍　逸我百年——明式家具

第一节　明代家具与明式家具　035

一、明代家具与明式家具的界定　035

二、明代初期的漆器家具　036

三、北京地区明式家具的主要保存地点　038

四、北京地区明式家具的研究与展示　040

第二节　明式家具的材质　044

一、高级硬木木材　045

二、硬杂木木材　049

第三节　明式家具的种类　052

一、桌、案、几　052

二、椅、凳　062

三、屏风　071

四、柜、橱、箱、架格　073

五、床榻　088

第四节　明式家具的榫卯结构　090

第五节　明式家具的纹饰　095

一、龙凤纹　095

二、云纹　098

三、缠枝纹　099

四、如意纹　100

五、牡丹花卉纹　101

第六节　明式家具的特点　103

一、皇家与民间相得益彰　104

二、出水芙蓉、大气至简的审美风格　105

三、源于生活、科学合理的构造 106

第四章

繁工材厚 蔚为大观——清式家具

第一节 清代家具与清式家具 112
一、清代家具 112
二、清式家具 113
第二节 清式家具的种类 116
一、桌、案、几 116
二、椅、凳 124
三、屏风 134
四、柜、橱、箱、架格 137
五、床榻 144
六、硬木小件及其他 145
第三节 清式家具的纹饰 148
一、动物纹饰 148
二、花卉植物纹饰 154
三、山水纹饰 161
四、几何纹饰 162
五、博古纹饰 164
六、神话故事纹饰 165
七、诗文纹饰 170
八、吉祥图案纹饰 172
第四节 清式家具的装饰工艺 175
一、镶嵌 175

二、雕刻 184
三、髹漆 188
第五节 清式家具的流派 192
一、苏作 192
二、广作 194
三、京作 198
四、晋作 200
第六节 清式宫廷家具的特点 201
一、用料珍贵 201
二、装饰繁复 202
三、中西结合 205
四、统治者的直接参与 205

后记 209

第一章

发现与研究

第一节　我国古代家具的演化
第二节　我国古代家具的研究成果与现状
第三节　本书结构

第一节

我国古代家具的演化

自古至今，我国的起居方式可分为席地坐和垂足坐两种类型。席地坐以跪坐为主，是以席和床为起居中心，所用家具都比较低矮，自商、周至汉、魏少有变化。到西晋，跪坐的礼节观念逐渐淡薄，箕踞、趺坐或斜坐等方式逐渐兴盛，所用家具也产生了放在床上可供傍倚或后靠的凭几和隐囊等。至南北朝，垂足坐开始流行，如凳与椅等高型坐具相继出现。入唐以后，椅、凳已不算罕见，还出现了高型桌案，但跪坐和趺坐依然存在。唐代是席地坐与垂足坐两种起居并存交替的阶段。

到了宋代，人们的起居已不再以床为中心，而是移向了地面，完全进入了垂足高坐时期，各种高型家具也已初步定型。南宋时期，家具品种和形式已十分完备，工艺也十分精湛。宋代以前的起居方式及家具品种与后来的相去甚远，但遗憾的是保存下来的极少。得以流传至今的艺术价值极高的古典家具，竟只有明代与清代的了。

明清家具，通常是指明清时期制作的工精材美、具有一定艺术价值的硬木家具。作为生活用具的家具，首先是其实用性，同时还作为精美的艺术品和珍贵的文物为世人珍爱和重视。在学术界，明清家具并不以朝代划分，而是依其风格式样评定，主要分为“明式”和“清式”两类。

明式家具，指制作于明代中期至清代前期具有特定造型风格的家具。这一时期被誉为是“中国传统家具的黄金时代”[1]。明式家具追求神态、韵律，将自然物象融汇于家具设计之中，格调优雅，富有文人气质，广为世界不同文化背景的人士所接受，是重要的人类文化遗产。当今，对明式家具的研究已不仅局限于家具本身和文物的范畴之内，而已成为世界范围内一个永恒的人文课题。

明式家具制作以实用为主，工艺精细，各个连接处以精密巧妙的榫卯结合，桌面等多以攒边方法嵌入边框槽内，十分牢固，同时能适应冷热干湿缩胀等变化。“高低宽狭的比例或以适用美观为出发点，或有助于纠正不合礼仪的身姿坐态。装饰以素面为主，局部饰以小面积漆雕或透雕，以繁衬简，朴素而不简陋，精美而不繁缛。通体轮廓及装饰部件的轮廓讲求方中有圆、圆中有方及用线的一气贯通而又有小的曲折变化。家具线条雄劲而流利。家具整体的长、宽和高，整体与局部，局部与局部的权衡比例都非常适宜。”[2]

到了清代，家具工艺从造型来看已趋向笨重，尤其在宫廷，光洁素雅的风格被富丽华贵、繁缛雕饰所取代。而民间却还沿袭明式家具简洁、素雅、实用的特点，保留了朴实简洁的风格。

清式家具兴盛于乾隆时期。在特定历史背景下问世的清式家具，形式上与明式家具截然不同。它追求变化，标新立异，注重装饰性，以乾隆时期的宫廷家具最富有代表性。清式家具中最出色的是宫廷家具，多结合厅堂、书斋、卧室等不同房间进行设计，注重家具的实用功能。漆制家具色彩绚丽、纹饰华美；雕漆家具华贵富丽，以吉祥图案为装饰主题，刀法深锐，花纹与雕刻手法均严整细密。清式家具的主要特征为造型庄重、华贵威严、瑰丽多姿、雕饰繁重、体量宽大、气度宏伟，脱离了宋明家具秀丽实用的淳朴气

质，形成了特有的清式家具风格。成造清代宫廷家具的工匠多是来自江苏、广东的器木高手，汇集于清宫造办处内[3]。

明·黄花梨官帽椅

明·黄花梨平头案

清·红木嵌螺钿扶手椅

清·黄花梨雕龙纹方角柜

清·紫檀雕云龙纹多宝阁

第二节

我国古代家具的研究成果与现状

中国古代家具作为重要的文化遗产，包含着极为丰富的历史、文化、艺术价值。众多学者、前辈对于古代家具的收藏、研究皆投入过巨大精力，且成果丰硕。其中专业著作不计其数，仅专业论文经粗略统计就达300多篇。而已有的研究成果涵盖了中国家具历史的各个重要时期，如宋代、元代、明代、清代；同时也有对家具重要形式的专项研究，如明式家具、清式家具等；还有对于工艺、装饰、纹饰、材质以及使用等方面的探讨。

德国汉学家古斯塔夫·艾克 (1896—1971年)是推动中国家具文化西渐的重要代表[4]。艾克于1923年来华，先后曾任清华大学、辅仁大学的教授。具有包豪斯美学观点和敏锐艺术鉴赏力的艾克在研究中国古建筑的同时，被流传于世、造型典雅的中国家具所吸引，于是他调整了研究方向，把目光和精力投入到明式家具的研究中，并于1944年出版了《中国花梨家具图考》一书。艾克高度评价了中国家具艺术的杰出成就，认为中国传统家具独具风格，在世界家具史上占据举足轻重的地位。他赞同T.H.R.纪丙生对中国家具的评价："以全世界的木质家具而论，唯有四五世纪以前希腊的制作可以媲美中国家具的风格。欧洲家具近两千年的历史，不能与其安详、肃穆的气度相比。"在比较研究东西方家具艺术异同关系的基础上，艾克指出中国家具对亚洲以及欧洲国家的家具形式和室内装潢都有着不可忽视的影响。他说："在发现西班牙的伊士柯亚的别宫中的

一对中国交椅一百年后，官帽椅传遍欧洲，这娟秀的新式样形成典型的‘洛可可’靠背椅式。”他又指出中国的靠背椅是18世纪享有盛誉的高背“安妮女王式”椅子的源头。

本书参考了1986年由纽约达沃出版社出版的英文版《中国花梨家具图考》。《中国花梨家具图考》作为家具研究的早期资料，为中国明式家具成为独立研究门类并享誉全球做出了巨大贡献。此书分为两大部分，第一部分是文字介绍，分别阐述了艾克的研究成果：第一，记述了中国古代家具的发展历程；第二，分别介绍了家具的类型，如衣架、椅子、案、柜等；第三，介绍了家具的材质，如紫檀木、黄花梨、楠木、鸡翅木等；第四，单独介绍了家具的金属构件，认为中国家具中金属构件的实用性远早于欧洲；第五，单独介绍了橱柜在元代之后的兴起与衰落。艾克认为从18世纪开始，家具在明代达到最完美的状态，“直线、奢华是明式家具内在特点”“明式家具对于设计与装饰的节制，追求线条和立体的恰当比例，是仅次于中国典型建筑的自然比例，以线条刻画的木材、结构而成就高贵气质”[5]。第二部分是精品家具的展示与讲解。

王世襄的《明式家具研究》汇集了其40多年的研究积累和收藏精华，被公认为是中国古典家具学术研究领域中里程碑式的奠基之作[6]。此书创建了明式家具的研究体系，系统客观地展示了明式家具的成就，从人文、历史、艺术、工艺、结构、鉴赏等角度完成了对明式家具的基础研究。王世襄对其所收藏以及所见的具有极高文物价值、艺术价值的明式家具进行了全面、深入的学术性研究。

田家青的《清代家具》于1995年出版，2011年修订后再次出版。田家青在书的引言中，开宗明义地指出：“家具是清代工艺美术品种很重要的一部分。它既是实用的工艺品，又具有明确的社会功能，更能折射出时代的特征。本书以实物与史料为基础，对清代家具，包括明式和清式两类做简要介绍，重点则放在清式家具上。”其内容包括《清代制作的明式家具》《清式家具》《清代家具的年代判定》等章节以及增补的《清代宫廷家具概说》等数篇论文，体现出作者严谨的学术态度。图版部分收录了150多件（套）清代家具，体现出清代家具的整体风貌。王世襄在序中对《清代家具》一书给予肯定，认为该书明确了清代家具应有的范围，足可成为“中国家具史”的重要篇章。

濮安国先生著有《明清家具鉴赏》一书。书中收录有《试论明式和苏式家具》《明式家具和文人意识》等论文。该书分28个子项，从不同角度介绍了明清家具的精髓。首先从一件家具讲起，引出相关文献、佐证等资料，各个子项均可独立成章。该书对每件家具都进行了透彻分析，旁证材料丰富，对于深入了解某一类家具很有帮助[7]。

胡德生先生所著《故宫博物院藏明清宫廷家具大观》一书，为其在故宫博物院从事明清宫廷家具保管与研究的总结之作。全书收入故宫珍藏的明清宫廷家具精品455件（套），约占藏品总量的5%，均为当今存世藏品之精华。尤其在《明清宫廷家具的绝品》《明清宫廷家具的陈设与使用》这两部分中，更可见明清宫廷家具的皇家气势与雍容华贵[8]。胡德生还著有《明清宫廷家具二十四讲（上、下）》一书，从陈设、风格、来源、材质、造型结构、部件装饰、线脚装饰、雕刻装饰、漆油装饰、镶嵌装饰、金属饰件、龙凤纹饰、神话纹饰、树石花卉纹饰、几何纹饰、博古纹饰、吉祥纹饰、床榻、椅凳、桌案、柜橱箱匣、屏风、台架、绝品24个方面阐释了故宫博物院所藏的明清宫廷家具精品，全面解析了故宫博物院明清

家具概况及家具文物的独特之处，可谓宫廷家具的宝典。

马未都先生所著《坐具的文明》一书，以材质为切入点，分别研究了紫檀木、黄花梨、鸡翅木等各类材质的坐具，共举80例坐具精品，展现出坐具在中华文明起居史上的重要地位[9]。该书开篇即以《坐具的文明》为题，讲述了我国古代坐姿的演变习俗。最早是席坐，即以席为坐具。到跽坐，双膝着地，上身挺直。唐代时跽坐彻底消失。古人席地而坐，坐时臀部紧挨脚后跟，如果随意伸开两腿，像个簸箕，就叫“箕踞”，是一种不拘礼节、傲慢不敬的坐法。佛教传入中国，带来了新的坐姿，也就是趺坐。趺坐指佛教徒盘腿端坐，左脚放在右腿上，或右脚放在左腿上。随着坐具从席到床、榻、椅的转变，垂足坐姿开始盛行。南北朝至隋唐时期椅子造型多样，之后又出现如凳、墩、宝座等新的坐具。马先生在结语中这样描述坐具：“家具是人类文明生活必需，其历史的遗存都是文明的坐标；坐具又是家具中的原点，决定了其他诸如承具（桌案）、庋具（柜架）、卧具（床榻）、杂具（屏台）等家具的走向；家具文化证明了我们的起居文化，提示了我们的思维方式。所以说，古代家具作为文化证物，清晰地证明了我们有怎样的精神世界，这个精神世界就是我们民族文化的内涵，它超越了物质的表达，形成了抽象的意义，使我们今天在物质生活中还能享受先贤为我们创造的精神文明。”

北京地区古代家具的研究成果主要有《北京文物精粹大系·家具卷》。此书收录了北京地区主要家具收藏单位及个人的家具精品，可谓北京地区古代家具精品的集成之作。此书按照时代顺序分为三个部分，第一部分是辽金时期，第二部分是明代，第三部分是清代。书中还收录了《中国古典家具之美》《明清家具的纹饰》两篇论文。在《中国古典家具之美》一文中，侯明与袁山开两位作者系统地梳理了中国古典家具的发展历程，分析了中国古典家具“南北宗”的风格说，阐释了中国古典家具是生活环境的重要组成部分。马未都在《明清家具的纹饰》中，引证同时期瓷器纹饰的特点，分别研究了明清家具的纹饰、明清家具纹饰的断代以及明清家具的雕刻手法等重要内容[10]。

第三节

本书结构

本书以北京地区古代家具的资料与实物为研究对象，将力所能及查找到的家具文物逐一展示。本书所依托的参考资料十分广泛，包括考古发掘已发表的材料，专业硕士、博士论文，前辈专著等，极具参考与借鉴价值。

本书所用参考材料的时间限度从有家具实物的西汉时期开始，直至清代结束为止。按照北京地区历史发展的脉络，分别列举各个时期的家具资料。通过梳理，展现北京历史发展的重要阶段中家具文物的整体面貌、风格特点。同时由点及面，进而反映出各时代艺术、工艺、文化等特征。

本书分为四大部分：第一、二两部分以实物资料为主，结合同时期周边家具实物、壁画中家具的形象等，展现了明代之前北京地区的家具风貌与演化特点，如汉代的漆器家具、隋唐时期壁画中所见的木桌形象、辽代柴木供桌椅以及元代珍稀的楠木供桌等。第三部分为明式家具。明式家具美轮美奂，在工艺制作、造型艺术方面已达到极高水平。北京地区保存的明式家具以明中期以后的家具为主，是明式家具的成熟之作。明式家具具有造型简约、工艺精湛、装饰恰当、优雅风致等典型特征。第四部分为清式家具。清式家具阶段为我国古代家具的巅峰时期。北京地区清式家具既有对明式家具的继承与保留，又有其独到之处。康雍乾三代，清式家具的发展达到极致，其特点为皇帝亲自参与，追求工艺、装饰的极致，富贵饱满，纹饰满身，中西结合等。清末，迫于政治、经济等大环境的变化，家具艺术和其他艺术形式一样日渐衰落。

北京地区家具文物的发展、演变与北京的历史文化的发展变化有密切关系。北京地区的家具文物以明清时期为成熟、繁盛时期，与北京作为明清时期都城这一特点密不可分。本书力图呈现北京地区家具，特别是明清家具发展演变的历程，展示北京家具文物的保存及现状，从实用家具入手，探索不同时代其蕴含的风格迥异的审美情趣。

注　释

[1] 王世襄：《中国传统家具的黄金时代》，《收藏》，2010年第4期（总208期）。

[2] 王翔子：《浅谈中国家具的精髓——明清家具》，《河南商业高等专科学校学报》，2004年第6期。

[3] 田家青：《明清家具简介》，《今日中国》，1993年第5期。

[4] 唐开军：《中国家具文化的西渐探索》，《中南林业科技大学学报（社会科学版）》，2012年第2期。

[5] Gustav Ecke，*Chinese Domestic Furniture in Photographs and Measured Drawings*，New York：Dover Publications Inc，1986。

[6] 王世襄：《明式家具研究》，生活·读书·新知三联书店2008年版。

[7] 濮安国：《明清家具鉴赏》，西泠印社出版社2007年版。

[8] 胡德生：《故宫博物院藏明清宫廷家具文物大观》，紫禁城出版社2006年版。

[9] 马未都：《坐具的文明》，紫禁城出版社2009年版。

[10] 《北京文物精粹大系》编委会、北京市文物局：《北京文物精粹大系·家具卷》，北京出版社2003年版。

第二章

北京地区早期家具概述

第一节　我国古代早期家具的演变特点

第二节　北京地区早期家具的发现

本章节所说的北京地区早期家具，是指明代之前的家具。本章节以考古出土的家具实物及绘画、壁画等家具形象为研究对象，通过与同时期其他地区家具的比照，分析北京地区早期家具的面貌特征。

第一节 我国古代早期家具的演变特点

秦汉时期属于封建社会的发展时期，社会生产力不断提高，建筑构造和家具工艺不断进步。秦汉时期以席地跪坐的起居方式为主，人们习惯坐在席或床榻上休息、待客，故逐渐形成以床榻为中心的生活起居方式，从而促进了低型家具的发展，如产生了床榻周围搁置的几案类家具。从目前考古出土的秦汉时期的漆器制品中发现，漆器家具数量丰厚。漆器的制造工艺和艺术水平在汉代各类手工业之中已居首位，漆艺的成就使得汉代家具在审美上的意趣得以提升。“汉代漆器的风格特征并不是一个孤立的现象，除了在绘画、书法、青铜器等装饰风格和工艺技术上的相互渗透，在汉代铜镜、汉代画像石、画像砖以及汉代瓦当等等工艺美术中，那些自由流畅且富于弹性的线条以及气韵生动的风格与汉代漆器的装饰都是一脉相承的。”[1]汉代的漆器家具注重器形上的实用性与装饰上的审美性。漆器家具上纹饰的多变性体现出创造者丰富的想象力和创造力。

魏晋南北朝时期是家具发展史中的重要过渡时期，自此，高型家具开始出现，使席地跪坐的生活起居方式开始发生改变。随着佛教的传入和西域少数民族间相互交往的影响，出现了胡床、椅子、方凳等垂足而坐的家具形式。床榻的高度在这一时期得以提升，桌案也逐渐向垂足式演变。隋唐时期国家统一，政治稳定，经济文化得到繁荣发展，建筑技术和文学艺术都取得了很大成就。建筑结构上解决了大跨度、大体量的技术问题，使得小木作的技艺逐渐提高，为家具的发展提供了有利条件。隋唐时期的起居生活方式仍然以床榻为中心，这一时期床榻的造型吸取了传统建筑中的大木梁架结构，但家具已由低型走向高型。佛教传入的须弥座以及建筑中壸门形式的运用，在家具上也都有体现。随着桌子在实际生活中的广泛应用，桌案高度的提升在唐代表现最为突出，其基本样式有方形和长方形两种，这些在佛教壁画中都有所展现。席地跪坐的起居方式和垂足而坐的起居方式并存，低型家具继续发展，高型家具得以推广，是隋唐五代时期家具发展的特征。

辽金时期是中华民族文化大交融的时期，也是中国古典家具快速发展的时期。社会的复杂多变促使家具出现了诸多新用途和新品类，东西方的文化交流也使更多形式的家具结构注入中国古典家具系统之中。辽金家具时常彩绘，体现出古典家具与中国特有的大梁架结构的建筑之关系和相映成趣的艺术追求[2]。辽金家具的出土，为研究这一时期的家具审美提供了有力佐证。

元代皇帝忽必烈“遵行汉法”，以儒家思想为指导思想。元代大都作为多民族大一统下的国家都城，其建城规划依据的是《周礼》“前朝后市、左祖右社”的原则。各民族工匠参与到大都建设中，从工艺技法、形式、材料、色彩等方面显示出蒙古族和其他民族的特色，这也成为大都城本身多民族、多文化交融汇合的象征。豪放不羁的生活方式与繁复华美的视觉感受是游牧文化的主要特色，它与宋代的社会背景和文化观念截然不同，所以游牧文化势必对宋式家具造成巨大的冲击与影响。另外，由于地域与民族间的交流、融合，元代家具也继承了辽金家具的某些风格，并有所发展。大都城手工业种类繁多，规模较大，手工业制造日显精细。因考古发掘材料有限，目前考古发现的元代家具的实物资料较少。

古代家具的早期特点以满足生活中的实用需求为主。家具艺术的整体面貌与同时期其他艺术风格基本保持一致，其时代风格与特点突出，体现出民族与文化融合的双重性。

第二节

北京地区早期家具的发现

北京地区早期家具实物资料以石景山区老山西汉墓遗址出土的漆案最为珍稀[3]。在辽代天开塔地宫遗址曾出土的木质桌椅，乃迄今为止北京地区所见最早的实木家具。

一、汉代的漆器家具

正如孙机先生所言：“汉代虽然尚处于席坐时代，但床、榻、枰的流行，抬高了就座者的视线。这时的贮（储）物之器如厨（橱）、匮（柜）等，庋物之器如双层几、虡、圆台等，均有向高家具发展的趋势，更不要说已规模初具的桌子了；从而在客观上奏响了垂足坐时代来临的序曲。”[4]

汉代漆器品种繁多，涉及社会生活的方方面面，既有勺、盒、盂、壶、耳杯、盘、饭盒、盆、碗、匕、樽、卮、奁、梳、篦、几、棋盘、箱、榼、案、枕、屐、尺、匜、鼎、钫、钟、魁、屏风等生活用具，又有琴、俑、砚、弓背、剑鞘、箭服、笥、漆车等器械和文房用品，还包括漆马、漆棺、椁和面罩等专用的丧葬用具等，也发现过如经脉漆俑等特殊类型的漆器。从出土漆器的规模和数量来看，汉代漆器在中国漆器史上堪称第一。

案这种家具出现得比较早，但以“案”为名称却是很晚的事，差不多要到战国时期。战国时代的案已经有了区别于其他置物家具的特定样式。漆案与俎有很深的关系。俎最早是古代祭祀、宴飨时

放置牛、羊等牺牲的礼器，而作为切肉用的砧板这种功能是稍晚才出现的。俎大多用于祭祀，日常使用得不多，为了有所区别，就把祭祀用的叫作“俎”，日常生活使用的叫作“案”了。战国早期漆案的生产规模比较庞大，至战国中期已形成了独特的艺术风格。据资料可考，山西襄汾陶寺遗址出土的漆器有彩绘漆鼓、案、豆等食器，其中两个墓葬出土的豆，彩皮剥落时呈卷状，与漆皮相似。汉代以后，案的使用日益广泛，品种也在不断增加。

目前出土汉代漆案的汉代遗址主要有安徽巢湖放王岗1号汉墓、四川绵阳永兴双包山汉墓、平壤乐浪郡古墓等。1996年被正式发掘的安徽巢湖放王岗1号汉墓为上坑竖穴木椁墓。该墓出土了大量文物，其中包括400多件漆器，比如“漆耳杯、漆案、漆盘、漆卮、漆盒、漆豆柄杯、漆黛板、漆勺、漆奁、漆六博棋盘、漆樽等。除少部分素色漆器外，绝大多数漆器为黑色底漆上红漆勾勒纹饰”[5]。四川绵阳永兴双包山也是重要的一处西汉墓地，其1号墓和2号墓出土了大量珍贵文物，其中1号墓出土15件漆器，2号墓出土500多件漆器。这些漆器的种类有“案、盘、耳杯、钵、扁壶、箭、车、马、经脉木雕立人、人物俑等”[6]，其中漆案有7件，大小不同，纹饰差别不大，主题纹饰相近。案身呈长方形，四周边框外侈，髹黑漆，朱色彩绘。图案为圈、点、条线纹组合的连续图案，并用四条波线纹分隔，案面用红、黑色漆相间漆成三个长方形框和中心一长条形带。外周方框红色，素面无纹；第二周方框黑底，漆红、暗蓝二色，彩绘星云纹和鸟纹组合的连续图案，框边用条线纹三周勾勒；第三周方框红色，素面无纹。中心长条形带为黑底，漆红、暗蓝二色，彩绘两组星云、鸟纹的组合图案，周边红色彩绘卷云和“∽”纹组合的连续图案。案边、足髹黑漆，红色彩绘图案与边框图案相同，足饰条线、点、云纹等。

平壤乐浪古墓出土的漆案上有“永平十四年蜀郡西工造三丸行坚”“行三丸”的字样。古墓中的王盰墓出土的漆盘上也有“永平十二年蜀郡西工夹纻行三丸治千二百卢氏作宜子孙牢”等铭文[7]。

而北京地区以老山西汉墓出土的汉代漆案最为典型。老山西汉墓位于北京市石景山区，于2000年被发掘。经初步鉴定，墓主人是一位女性，年龄在30至32岁之间，身高160~162厘米。墓室的整体设计体现了中国古代木质建筑框架结构的形式。墓内有一些国内首次发现的随葬器物，如丝织品的面积之大、保存之完整是北方之最。由于地理气候等多方面的原因，古代丝织品在北方地区发现的数量不多，而老山西汉墓出土的这件丝织品原本是罩在内棺外面的棺罩，由于墓室坍塌，内外棺板形成的密闭环境使得内棺顶部的丝织品得以保存。这件丝织品是继长沙马王堆西汉墓出土的帛画之后又一重要发现，为丝织品的研究提供了珍贵资料[8]。

在老山西汉墓中出土的一大一小两件漆案，是目前国内所见汉代漆案中最大的、保存较为完整的漆案。两件漆案均为木质胎，长方形案面，栅式腿足，腿部的接地端另加横木（跗足）[9]。漆案长度均达两米以上，纹饰以朱绘云纹及三角纹为主，形制相似，尺寸有所差异，腿足数量不同。

大漆案案面为长方形，长238厘米，宽99厘米，高35厘米。栅状足由七根竖枨组成，枨下有横木承托。案面及足以褐漆为底色，面板四边饰以14厘米宽的朱绘云纹，案面侧面以朱漆描绘云纹。栅状足竖枨上装饰朱绘三角纹和云纹。此案漆色鲜亮，画工细腻，线条流畅，为北方地区少见的汉代漆器珍品。

小漆案案面同为长方形，长236厘米，宽49厘米，高35厘米。

栅式腿足由五根竖枨组成，枨下有横木承托。案面及足以褐漆为底色，案面以朱漆勾勒一矩形框，框四角同案面四角朱绘相连直线，将案面四边划分为四区。四区内饰朱绘云纹，漆案侧面饰以朱绘云纹，栅状足竖枨上装饰朱绘三角纹和云纹。此案也是北方地区罕见的汉代漆器珍品。

整体上看，“汉代家具还处于我国传统家具的肇始阶段，具有质朴、实用的明确特征。使用与封建礼制密切相关，主要是会客和休息用具，其布置也是围绕这一功能来进行的。结构体系已初露大木构架系统的端倪。制作技术及特殊部位的处理比先秦有了更进一步的发展。榫卯的结构类型基本趋于齐全和成熟，而且在箱、柜等的相关部位还广泛采用了镶口、包角及铺首衔环等装饰。制作风格和装饰摆脱了先秦家具形制呆板、功用神秘的一面，而趋向实用美观，漆器图案布局合理、线条流畅。汉代家具的制作和使用，具体地体现了当时的生产力发展水平和社会生活审美时尚及习俗。在先秦两汉建筑原始彩绘无法再现的今天，其屏风彩画为研究两汉建筑的雕梁画栋，科学恢复当时梁柱上的图画天地、品类群生的精彩画面，提供了不可多得的参考佐证”[10]。

二、辽金时期的家具

辽金时期是中国古典家具的快速发展时期，出现了许多新品种。从目前发现的辽代家具形象与实物中，既可以看到契丹民族的自身风格，同时又体现出汉文化、佛教文化等特色，而草原丝绸之路也在一定程度上对辽代家具产生了一定影响。

名画《卓歇图卷》（绢本设色，纵一尺三分，横八尺）今藏于北京故宫博物院，从画中可以看到辽代家具的具体形象。该画卷描绘的是一队少数民族骑队在狩猎途中做短暂休息的场景。该画卷原无名款和印鉴，最先留下鉴定跋文的是元代文学家王时，他认为此画卷为胡瓌之作。清康熙三十七年（1698年），书画鉴藏家高士奇得到此画卷后，便将其著录到自己的《江村书画目》里，将其重裱后，又在王时所提的跋文后连书两跋。“他对胡瓌画风的评析基本上是出自于郭若虚的《图画见闻志》，把史籍中的画风描述与作品相关联。康熙五十年（1713年），书画家张照从高士奇长孙砺山之手借得此图，于高文后接写一跋，并在卷首题‘番部卓歇图’，显然，他的思路是把该画的内容与《宣和画谱》中著录的六十五件胡瓌的画名相联系，找出其中最为贴切的一件。乾隆五十年（1785年），此作流入清宫，清高宗引首题《卓歇歌》，亦肯定了前人的鉴定，进而借《辽史》考证出‘卓歇’即‘立而歇息’之意。至今，该画仍被作为胡瓌的《卓歇图卷》，列为五代绘画的重要作品，一些研究文章将它论为契丹‘北方草原画派’的代表作品，以至于被当今一些研究历代服饰和发式的典籍当成辽代的例证。”[11]

《卓歇图卷》中有契丹人，也有汉人，他们呈现出各种坐姿，其中盘腿坐于毯子上的两人显然是主人与客人。左边的主人从装扮上看是契丹人，右边的客人为汉人，从中可窥见契丹族和汉族交流的情况。汉人最早的成形坐具是席，以此类比，那么契丹人最早的成形坐具应为毯子[12]。从这幅《卓歇图卷》中还可以看到两个低矮的长方形小案，分别置于主人和客人面前。根据目测，小案长约80厘米，宽约35厘米，高约20厘米。其造型极其简单，仅一块板子四条腿，无横枨，四面无插角。颜色为黑色或深褐色，材质应为木质。从此图盘腿而坐或跪地而坐的用餐方式和其中摆放低矮小案的形制来看，早期契丹人的家具也以低矮系列为主。中原五代至宋一

直存在类似形制的低矮小案，有的还带有插角。

1956年，北京永定门外发掘、出土了辽代汉人赵德钧墓。该墓的建造年代约为辽应历八年（958年），此时为辽早期，北宋尚未建立。墓中有壁画《揉面图》，图中的低矮小案应为五代以来的传统样式，带有明显的插角。低矮系列的家具适用于契丹族居住的室内环境：毡车篷盖为方形，低矮，面积狭小，只能容下低矮和小巧的家具；幕帐为圆形，也同样低矮，面积狭小，同样也只能适应这种低矮家具[13]。借鉴门式结构和斗拱框架式结构而产生的过渡型家具在辽代也为数不少，如叶茂台辽墓出土的云板形腿方桌、敖汉旗下湾子辽墓与羊山1号辽墓中的云板形桌以及上烧锅辽墓中不带托泥的壶门形底座床等。椅子是辽代家具的主要代表之一，样式丰富，具有多元化特色。椅面有高有低，椅子的搭脑有曲有直，用料有方有圆，装饰有华丽也有朴素。在内蒙古赤峰宝山辽墓（923年）中绘制的椅子是迄今为止发现较早的辽代椅子形象之一。其中1号墓绘有《主室陈设图》，图中的椅子“装饰华丽，有着高大的靠背，靠背上有两端卷翘的搭脑，满饰红蓝彩纹的织物由搭脑从椅背挂下至椅面。椅子满髹黑漆，椅腿粗而矮，椅子的器形有厚重敦实感。在椅面四角和椅腿根部为金属构件。这种在家具上加金属构件的做法始见于西亚。由于椅腿较矮，坐在椅子上的人不能垂足而坐，要将脚向前斜伸。这主要是由于契丹人早期居住在相对低矮的帐室的缘故，其次还与他们因长期游牧，习惯席地而坐有关”。宝山辽墓另有《颂经图》，其中贵妃所坐的椅子样式与《主室陈设图》中的椅子风格不同。椅子为框架式结构，靠背顶部有制作精巧的两头卷翘的搭脑，搭脑上搭着靠背布，椅腿细长，四椅腿之间各有两根横枨，椅腿底部为金属方足。有一小桌相配，桌与椅的造型轻巧，具有中原汉式家具的特色。

再以北京房山区天开塔地宫出土的辽代柴木供案与一对柴木供椅为例。柴木供案长55.5厘米，宽40.5厘米，通高87厘米。此件木案案面为长方形，攒框镶面，四条腿间各有两条横枨，案腿及枨都是圆木。案面与横枨之间镶三个圆形卡子花，在卡子花之间镶矮老，矮老间镶宝瓶装饰。

北京房山区天开塔地宫出土的辽代柴木供案

同时出土的还有一对柴木供椅。椅长43厘米，宽26.5厘米，通高58.5厘米。四出椅，搭脑、扶手皆出头，并有曲线。辽代四出头椅子的出现，打破了家具史上一般认为四出头椅子最早出现于南宋的传统观念。靠背横竖四枨中间镶一个圆形卡子花。木椅的卡子花与木案上装饰的卡子花相同。两侧及后面的管脚枨为圆形，前面两腿足之间的双横枨与双竖枨垂直相连。腿足、搭脑、扶手、鹅脖及所有

北京房山区天开塔地宫出土的辽代柴木供椅

圆形卡子花

枨均为圆形。这对木椅的结构复杂，用料较细，造型线条流畅，装饰优美，特别是椅子后部为半圆形造型，显示出高超的制作技术。卡子花的样式为圆形，中间有呈几何式对称分割的优美曲线，这种组合形式在西亚的阿拉伯纹样中较常见。椅子与方桌的搭配使用在辽代家具中是极其稀少的。

20世纪80年代初，在北京八宝山殡葬管理所东院办公区基建施工地中，挖掘出土一座辽统和十三年（995年）的韩佚墓。墓主人韩佚出身名门贵戚，家族显赫。“该墓为砖室穹窿（隆）顶，墓门、甬道、墓室及顶部均抹白灰压光绘以壁画，其结构保存完整，壁画色彩鲜艳，绘制精美，为北京地区鲜见。”[14]从壁画中可见屏风及衣架、衣箱等家具形象，为研究辽代汉族世家显贵的生活提供了珍贵的实物资料。

再如北京大兴区青云店辽墓，墓室壁画的第四部分中部上方有一破子棂窗，与西壁破子棂窗对称，大小相等。窗下有砖砌的一张桌子和一把椅子，桌子高60厘米、宽50厘米，椅子背略曲，高40厘米、宽45厘米，桌子和椅子凸出墙壁4厘米。通过壁画可以看出，长方形高桌整体涂黑色，框架结构，无牙板，双横枨。桌面自北至南绘黑色圈足碗、黑色盏托、白色盏、带花纹的水注，碗内盛数枚石榴。与桌子配套的一对椅子，椅面高过人物的膝盖部位，方形腿，用料较粗，靠背上部有前直后弯的造型，腿部还有两根较细的横枨，整体为框架结构，无牙板，涂朱色，显现出五代以来北方汉式家具的特征。椅子后立一红衣侍女[15]。这是辽代早期桌椅配套的一种形式。另一种形式是同为北京大兴青云店

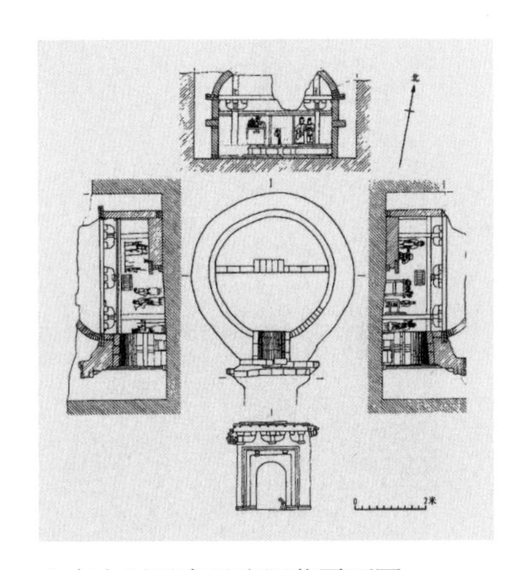

北京大兴区青云店辽墓平面图

墓室壁画

辽墓中出土的一张桌子与两把椅子相配套的形式。两种配套形式的椅子造型类似，但桌子的造型略有差异，一桌两椅形式中桌子的桌面以下有锁齿状的裙带。

北京大兴区青云店辽墓出土的桌子

北京大兴区青云店辽墓出土的一对靠背椅

2002 年3月，在北京西郊石景山五环路立交桥工地中发现了皇统三年（1143年）的金代赵励墓。墓室为圆形，直径不足2米，穹顶已毁。但难能可贵的是，墓室保留下一组保存完好的壁画。壁画内容包括备茶、备宴、散乐、侍洗、侍寝等。壁画内容在一定程度上再现了墓主人生前丰富多彩的生活场景。部分壁画中可见一些家具形象，如在《备茶图》中可见一木桌。此幅图位于墓室内壁东南角，描绘的是奴仆们正在为主人准备茶饮的场景。画面中共有六人，以画面正中的桌子为中心，三人围桌。其中一人执壶与杯正在倒茶，一人手捧茶碗，一人托盘，盘中有茶具等，盘上有罩。壁画左右两边分别站立着一位衣着头饰相同的男子，右边男子手持骨朵支地，看三人备茶；左边男子看向前方，推测应是主人所在方位。第六人在右下角，似跪状，辨识不清。

另在《备宴图》中可见一黑色木桌。此幅壁画位于墓室内壁东南角，左邻《备茶图》，描绘的是奴婢们为主人准备宴饮的情景。画面共七人，手中各持盘、瓶、勺等准备上菜。画面右下的黑色木桌为四腿方桌，四面各有一横枨，三矮老，桌面摆有五盘佳肴待上。

《散乐图》位于墓室内壁西南角，左邻《备宴图》，描绘乐师们正在为主人表演散乐的情景。画面共绘六人，均为男性，头戴展角幞头，插花以示戏装。左边两鼓手身着武官战袍，前面的一位击腰鼓，后面的一位击大鼓。右边四乐师文官装束，后面一人吹横笛，前面三人由左至右分别吹劈荜、弹琵琶、击拍板。此图未见到家具。

《侍洗图》位于墓室内壁西北角，左邻《散乐图》，描绘的是奴仆们正在准备侍奉主人洗浴的场面。图中绘有四名留有两撇小胡须的男侍者，正在准备侍奉主人洗手净面。壁画中部偏左有一方桌，腿间双横枨连接，两个矮老，桌上置水注、盘、碗等。

《侍寝图》位于墓室正北方，左邻《侍洗图》，右邻《备茶图》，描绘的是侍女服侍主人于寝室起居的图景。画中前方是向两侧拉开的幔帐，帐内是主人的寝室。寝室居中是山字形床榻，三面护栏板为云头纹，靠背开五屏，两侧开三屏。床榻后面为花卉纹屏风。

三、元代的家具

元代家具是游牧民族的生活习性与汉族的生活方式相结合的产物。在入主中原以前，游牧生活方式以活动性的房屋——蒙古包为栖居之所，其流动性和不稳定性决定了蒙古包内只能适用于小型家具，以便于随时搬迁移动。故常见的家具主要是矮桌、小橱柜等[16]。随着元代定都，家具的品种逐渐丰富起来，建筑形态的汉化以及生活方式的改变也必然带来家具形态的改变。元代北方地区汉族使用的家具，绝大部分沿袭自前代[17]。从现有的墓葬壁画资料可以清晰地看到，蒙古人的生活习惯逐渐汉化，家具也日趋汉化。元代的高桌基本沿用宋制，交椅的形制基本沿用汉制。两宋时期，椅子的形态已有多种形式，唯独交椅深得蒙古人的喜爱[18]，这说明蒙古人根据自己的民族习惯、喜好，有选择地使用汉族家具。作为非常有特点的栏杆式罗汉床，也吸收了较多的汉文化，其结构受汉族建筑梁架结构的影响，而逐渐摆脱了壶门托泥式的箱形结构。其后面栏杆靠背的镂花和“卍”字形卡子花装饰，显然也是受了汉文化的影响。

长期的游牧文化熏染造就的审美习惯，加上对汉文化在某种程度上的吸收与选择等综合因素，形成了元代家具的特定风格。元代之后，由于地理闭塞等原因，元代家具也仍以地方风格的形式长期存在着。

元代壁画中很好地反映出元代家具的诸多特点，如自然植物纹样运用较多。元代后期，由于受到蒙古族崇尚大自然的风俗以及中原文化的影响，花草纹成为元代家具装饰图案中的主要纹样。而文字纹样种类较少，多为吉祥文字的变体，只有个别纹样是自然景观与吉祥文字的结合体。在装饰手法上主要有立雕、透雕等，很少用浅雕和线雕。常用极大、极厚的木料做整体的雕琢，构图丰满，形象生动，刀法有力，强调立体效果和远观效果，因而给人以牢固、耐久的感觉。凡是具有较明显的元代风格的传世家具，其体量往往较大，多具有雄健豪迈之势。元代家具所偏好的颜色有金色、赭黄色、红色、黑色（或褐色）等，其中红色和黑色（或褐色）是中国古代的常用颜色[19]。概括之，“元代家具形体重厚，造型饱满，雕饰繁复，多用云头、转珠、倭角等线型做装饰；出现了罗锅枨、霸王枨、展腿式等品种造型。总体上给人以雄壮、奔放、生动、富足之感”[20]。

北京地区出土的元代家具较少，考古资料不多，元代家具的传世品本身也不多，仅有出土于西城区长安街双塔庆寿寺、现收藏于首都博物馆的一件元代楠木供案以及故宫博物院收藏的一件元代宝座，为北京现存的元代家具精品。

注　释

[1] 卢杰：《论汉代漆器与同时代艺术的相互影响》，《枣庄学院学报》，2005年第6期。

[2] 《北京文物精粹大系》编委会、北京市文物局：《北京文物精粹大

系·家具卷》，北京出版社2003年版。

[3] 吉林大学边疆考古研究中心、北京市文物研究所：《北京市石景山区老山汉墓出土人骨的研究报告》，《文物》，2004年第8期。

[4] 孙机：《汉代家具》，《紫禁城》，2010年第8期。

[5] 金普军、王昌燧、郑一新、何爱平、张立明：《安徽巢湖放王岗出土西汉漆器漆膜测试分析》，《文物保护与考古科学》，2007年第3期。

[6] 赵树中、胥泽蓉、何志国、唐光孝、陈显双：《绵阳永兴双包山二号西汉木椁墓发掘简报》，《文物》，1996年第10期。

[7] 洪石：《战国秦汉时期漆器的生产与管理》，《考古学报》，2005年第4期。

[8] 王鑫、程利：《石景山区老山汉墓》，《中国考古学年鉴（2001）》，文物出版社2002年版。

[9] 李敏秀：《中国古代木家具腿足形式及其结构的演变》，《中南林业科技大学学报（社会科学版）》，2008年第2期。

[10] 张卓远：《汉代家具漫谈》，《中州今古》，2000年第6期。

[11] 余辉：《〈卓歇图卷〉考略》，《美术》，1990年2期。

[12] 李宗山：《中国家具史图说》，湖北美术出版社2001年版。

[13] 曾分良：《辽代家具研究》，硕士论文，2008年3月。

[14] 黄秀纯：《辽韩佚墓出土越窑青瓷》，《收藏家》，2006年第9期。

[15] 北京市文物研究所：《北京大兴区青云店辽墓》，《考古》，2004年第2期。

[16] 陈丽琴：《蒙古族传统家具装饰的研究》，硕士论文，2007年5月。

[17] 袁永春：《元代北方家具的初步研究》，硕士论文，2010年5月。

[18] 项春松：《内蒙古赤峰市元宝山元代壁画墓》，《文物》，1983年第4期。

[19] 刘昱奇：《从墓壁画看元代家具装饰艺术》，《美术教育研究》，2012年第9期。

[20] 张德江：《元代家具的风格》，《收藏家》，1997年第1期。

第三章

美坚朴妍 逸我百年
——明式家具

第一节 明代家具与明式家具
第二节 明式家具的材质
第三节 明式家具的种类
第四节 明式家具的榫卯结构
第五节 明式家具的纹饰
第六节 明式家具的特点

中国传统家具有着悠久历史，蕴含了人类几千年的文明，经过漫长的完善与发展，逐渐形成了独特的东方家具体系，在世界家具史上占有举足轻重的地位。中国传统家具经历了原始社会略显稚嫩的萌芽，夏、商、周低矮家具的延续，两晋、隋唐高型家具的过渡，宋代垂足型家具的基本定型，直到明代，创造出华贵至简的明式家具。从现存的史料与考古实物看，明代中期到清代前期的硬木家具堪为经典，充分体现了明式家具“用材考究、造型简练、比例适度、结构科学、榫卯精密、装饰精美、手法多样等特征”“具有极高的艺术价值、丰富的历史文化价值和收藏价值。也正凭借着其自身所具有的实用性、艺术性及其散发出的中国传统文化的魅力，自20世纪90年代开始，大放异彩，赢得了越来越多国内外收藏家的钟爱和追求，成为世界各国博物馆必收的藏品之一”[1]。

明・黄花梨雕龙翘头案

第一节

明代家具与明式家具

一、明代家具与明式家具的界定

明代家具的时间界限是从明代建立（1368年）开始至明代灭亡（1644年）为止。而明式家具的时间范围不同于明代家具，广义而言，明式家具是指从明代中期至清代前期这段时间所制作的工精料良的家具。

明式家具主要产生、发展于以苏州为中心的江南地区。在史料以及传世家具中可以看出，这一地区的确是孕育明式家具的故乡与长期产地。直至清代前期，明式家具的生产已遍及全国不少区域，产量十分丰富。但唯有苏州地区的家具，最能显现出明式家具的独特风格[2]。

明式家具被公认为中国古代传统家具中最完美的代表。它流行于明代中期至清代前期，以紫檀木、黄花梨、花梨木、铁梨木、榉木等优质硬木和柴木为主要材质，具有特定的式样和风格。明式家具一改漆木家具的华丽风格，以“梁柱式的结构和榫卯的连接为基本框架，以线形为主要的造型形式”[3]，配以合适的雕刻、镶嵌和金属配件作为简单装饰，简洁精练、自然流畅。“明式家具的造型分为坐具类、几案类、橱柜类、床榻类、台架类、屏座类等6大类近60个品种。”[4]家具的基本构造，“都是将主要构件，如腿料、框料、档料、柱料等组合成一个基本框架，再根据功能的需要装配不同的板料与附件。在构件的接合上，采用传统建筑木构件的榫卯结构接

合方式，并结合家具结构接合的特点，将榫卯结构设计得更加多样、更加完善、更加科学。明式家具的榫卯结构名目很多，根据功能作用可分为三类：第一类主要用作面与面的接合，如槽口榫、企口榫、燕尾榫、穿带榫、扎榫等；第二类主要用作横竖材以丁字接合、成角接合、交叉接合，以及直材或弧形材的延伸接合，如格肩榫、双夹榫、勾挂榫、楔钉榫、半榫、通榫等；第三类将三个构件组合一起并相互连接，如托角榫、长短榫、抱肩榫、粽角榫等。各种榫卯接合得非常牢固，构成的框架体非常坚固稳定，却又使家具造型显得空灵、透气、轻巧”[5]。

明式家具最开始被称为“细木家具”或“小木家伙”。从这一名称可以看出，它与明代民间广泛使用的各种漆饰家具有着实质性的差异。起初，细木家具主要使用当地的榉木，大约明代中期后，随着高级硬木的不断增多，开始以拥有美丽花纹的紫檀木、黄花梨等为主要用材。特别是经过晚明文人的倡导与参与，使这类时兴、新颖的家具很快地形成了鲜明的形式特征和地区风格，显示出经久坚固的实用性和耐人寻味的审美性。至此之后，这类家具一直以其出类拔萃的时代风貌和卓越水平，成为中华民族物质文明中一颗无比璀璨的艺术明珠。

二、明代初期的漆器家具

明代隆庆开关以后，大量硬木运入中国，使我国硬木家具的发展、兴盛成为可能[6]，而逐渐形成明式家具。漆器家具虽然在数量上有所减少，但始终存在，可以说，漆器家具贯穿于传统家具的整个历史。“在明代272年的历史中，前200年都是漆器家具的天下，硬木类家具只占最后的70年。所以研究明式家具对于明代漆器家具就不能忽视，而且在明代漆器家具作为主流的这200年当中也不乏艺术精品的产生。但是漆器家具不容易保留，所以现在所见明代的不多。”[7]

明代宫廷漆器家具由宫廷专门机构制作。明初期设置了管理宫内事务和为宫廷服务的十二监、四司、八局，统称“二十四衙门”。十二监中的御用监专职制造宫廷生活用器。宫廷所需围屏、床榻等木器皆由此监造办。另外，十二监中的司礼监所属的御前作，专管制作龙床、龙桌、箱柜等漆类家具。宫廷内使用的漆制家具、陈设用品、生活中的实用器物等讲究成双成套，工艺十分精致。明代后期，社会经济逐渐衰退，漆器工艺受到很大影响，官府漆器作坊一度陷于停顿状态，故这个时期的优秀作品极为少见。通过传世的部分作品，并结合文献资料考证，这一时期的艺术风格已由早期的简练大方趋向于纤巧细腻了。

明 · 大漆方供桌

明代漆器家具主要有插屏、挂屏、屏风、书柜、箱柜等大型家具及陈设品，主要装饰手法有洒金、描金、描漆、描油、填漆、戗划等。以明初柴木红漆供桌为例。此供桌长83.7厘米，宽44.6厘米，高63.8厘米，现藏于首都博物馆。其通体髹红漆，桌面由三块厚板拼成，两端安翘头，桌面直接与腿相接，外翻的足端饰镂雕卷草纹，底部有圆形小矮足，腿面顺弯势起线。供桌前后两面、腿外侧桌面下设镂空云边牙条，腿内侧上部有方形开光，下部有外飘式云边牙板。在桌面的立面和腿面外起线。在牙条云边和开光边框等处漆以金色，形成良好的装饰效果。此供桌为典型的明代漆木供桌[8]。

明初·柴木红漆供桌

三、北京地区明式家具的主要保存地点

目前，北京地区已知的明式家具主要保存在故宫博物院、恭王府、中国国家博物馆、北京艺术博物馆、北京龙顺成中式家具厂以

及个人收藏家等[9]。

故宫博物院作为明清皇帝的居所，无疑是收藏明清宫廷家具的主要地点。“明清宫廷家具的形成和发展，得益于社会经济的发展，是在民间家具技艺空前发达的基础上发展起来的。”[10]宫廷家具的工艺最初来自于民间，但毋庸置疑，水平明显高于民间。因此，明清宫廷家具代表了中国传统家具的最高水平。故宫博物院珍藏明清家具7000多件，最早是明代宣德年间的，最晚为清末民国时期的。而不同的时代反映出家具不同的艺术风格和特点。

恭王府位于北京西城前海西街，西侧临李广桥南大街，东侧为毡子房，北侧为大翔凤胡同。王府占地80多亩，其最后的主人是道光皇帝的六子恭亲王奕䜣及孙溥伟[11]。清代王府及王府主人是清代历史上地位显赫的一个群体，上承宫廷，下启市井，形成了独具特色的王府文化。现在作为历史文物保护单位的恭王府，常年展览着部分明清家具精品。除王府原有的文物收藏之外，恭王府管理中心还重点向社会征集古代家具。目前恭王府馆藏明清家具已达400多件，逐步形成收藏规模。

中国国家博物馆位于天安门广场东侧，在中国历史博物馆和中国革命博物馆两馆基础上正式组建而成。中国国家博物馆收藏了大量石质、玉质、砖瓦、陶质、瓷质、铜质、铁质、金银、牙骨角、草木竹、漆质、玻璃、珐琅、织绣、皮革、纸质、化学合成、泥质等材质的文物，涉及古代文物、近现代文物、现代艺术品等几大门类。古代家具收藏为其重要收藏内容之一，其中不乏明式家具精品。

北京艺术博物馆位于明清宝刹万寿寺内。万寿寺建立于明朝万历五年（1577年），是皇家的专用庙宇，历经几次大规模翻修，形成了

集寺庙、行宫、园林为一体，东中西三路建筑毗邻，占地50亩的皇家重寺，曾有“京西小故宫”之誉。北京艺术博物馆现收藏各类古代艺术品近5万件，门类广泛，主要包括历代书法和绘画、碑帖及名人书札、宫廷织绣、宫室瓷器、古代家具、历代钱币及玺印等。

四、北京地区明式家具的研究与展示

明式家具历来受到收藏家、研究者的重视，研究集大成者当推王世襄先生。他所著的《明式家具研究》是中国古典家具学术研究领域的一部里程碑式的奠基之作。近年以来，以明式家具为研究对象的专业论文多达百余篇。王世襄《中国传统家具的黄金时代》一文，精要总结了我国传统家具各历史阶段的特点，最终指出明及清前期为我国传统家具的黄金时代。在前辈学者研究的基础上，涌现出大量优秀的研究成果，如从工艺、材质、装饰、纹饰等角度，分析明式家具的独特之处；从人文思想层面研究明式家具文化内涵；从桌、椅凳、床等不同家具种类中分别深入探讨明式家具的造型工艺、艺术；通过对明式家具与同期欧洲装饰式样的比较分析，研究世界范围文化间的交流与影响[12]。

《北京文物精粹大系·家具卷》反映出北京地区传统家具的整体面貌以及北京地区家具精品的存放地点。清晰的图片及客观详细的基本信息，为研究者提供了可靠的线索。《北京文物精粹大系·家具卷》是研究北京地区家具的重要基础材料。

北京地区多家博物馆曾以明清家具为主题，展示家具收藏及研究成果。在众多家具展中，明式家具为不可或缺的重要展品。首都博物馆2011年曾联合多家博物馆及收藏家共同举办了“物得其宜——黄花梨文化展”，展出黄花梨材质的珍贵家具数件。明式家

明·黄花梨四方桌

具以黄花梨为主要材质，造型方中有圆，圆中有方，蕴含了中国传统文化“天人合一”“外圆内方”的伦理思想，彰显出自然与人文的和谐之美，是中国传统文化的重要组成部分。中国国家博物馆举办的“大美木艺——中国明清家具珍品展”，作为专题陈列长期展出。展览所遴选的近百件家具珍品，均为中国明清时期的髹漆家具和硬木家具精品，也是中国古代家具发展到巅峰时期的代表。除中国国家博物馆的主要藏品外，文化部恭王府管理中心、甘肃省武威市博物馆、中国香港研木得益以及嘉木堂等著名收藏机构也奉献了部分藏品。展览力求通过中国明清时期家具珍品的展示，使广大观众充分了解明清家具的造型方式和工艺特点，全面感受明清家具所蕴含的深厚、柔美、风雅的艺术魅力，进而深刻认知中国古代家具的大美之所在。

明·黄花梨云头开光南官帽椅

明·黄花梨雕螭龙纹交凳

明·填漆戗金双龙纹立柜

第二节

明式家具的材质

我国传统家具所用木材可以分为优质硬木和硬杂木两大类。

明式家具的材质主要有黄花梨、紫檀木、花梨木、鸡翅木、铁梨木、乌木等。这些木材生长周期长，成材率低，为珍稀资源。由于不同材质在质地、纹理、色泽方面存在很大的区别，就直接导致了工艺做法的不同。能工巧匠们熟悉木性，了解每一种木材的特征，包括硬度、韧性、脆度以及花纹特点等，可以因料施工。制作程序上往往不能因需求而设计制作，而是根据木材的不同，设计适宜的家具物件。如紫檀木、黄花梨，材质比较坚硬，纹理细致，油性大，较为稳定，十分适合雕刻，且宜打磨，故制作工艺要求十分精细。这些独特优质的木材造就了明式家具的线形艺术之美。用这类木材制造的家具既可以进行复杂纹样的雕琢和各种线形的刻画，又可以进行精细打磨，且越磨越润，越磨越有光泽。而乌木虽然坚硬如铁、光泽如漆，但其性脆，且少有大材，若进行大面积雕刻，一来很难入刀，二来时间长了随着木材的干裂会导致花活纹样的破坏，因此在使用此类木材时，不宜雕琢纤巧的纹饰，应选择少有雕刻花活或没有花活的细木工艺，注重磨工，以显木材本身优点。再如鸡翅木，材质坚硬，纹理清晰、细腻，常因受到不同生长环境的影响而容易形成类似山水、人物、动物的天然纹理，故在制作器物时，应巧妙地将这些天然纹理融入设计中，以纹为饰，以型顺纹，纹随型变，型随纹走。自然的气质是明式家具艺术的精妙之处。

硬木的材质美首先体现在其坚硬的材质和致密的纹理之间的对比，形成了一刚一柔的美感对抗；其次体现在不同的切面所产生的不同纹理的对比，径切面刚劲挺直的直线条纹与弦切面起伏荡漾的波峰花纹形成明显反差；再次体现在硬木油润光泽的刚性气息与触觉上柔润感的对比，形成视觉与触觉上的矛盾冲突。硬木木材这种刚柔并济的特性完美诠释了家具用材的内涵。所以在家具制造中，应该根据不同材质选用不同部位的纹理，最大限度地展示材质本身的美感。

不同的木材有着不同的纹理和色泽，也有着各自不同的视觉、触觉等感官特征。明清时期的匠人尝试将其他材料与各种木料组合使用，从而使材质美在不断强化与调和中表现得更加出色。譬如乌木常与浅色木材相配，一冷一暖，对比明显。不同材质之间的搭配则主要通过镶嵌和五金件来实现。镶嵌材料有大理石、陶瓷、贝壳、金属、瘿木、珐琅、竹子、黄杨木等。“五金件在加固结构、满足使用功能的同时也起到一定的装饰作用。明代早期的五金件金属主要是白铜或黄铜，明晚期至清代多用红铜镀金。五金件的选择以及金属色泽的演变与当时社会等级观和财产观有关。”明清工匠根据经验总结了一系列的固定搭配原则，如“楠配紫（檀），铁配黄（黄花梨），乌木配黄杨；高丽镶楸木，川柏配花樟（樟木瘿）；苏作红木（酸枝木）楠木瘿，广作红木石芯膛；榛木桌子杉木底，榆木柜子杨木帮”。

一、高级硬木木材

（一）黄花梨

黄花梨为落叶乔木，树高10~25米，最大胸径超过60厘米，树冠

伞形，分杈较低，枝丫较多，侧枝粗壮，树皮为浅灰或黄色。花为淡黄色或乳白色，花期4~6月。荚果舌状，长椭圆形，扁平，10月至次年1月为种子成熟期[13]。从中国历史典籍中可以看到，黄花梨主要分布在海南岛各县，包括今天的三亚、陵水、万宁、文昌、琼海、琼山、定安、澄迈、临高、儋州及西部、西南部地区的“黎峒”。至今没有任何一家研究机构或科学家个人宣布在世界上其他地方发现了与海南产黄花梨同科同属同种的树种，只有广东、广西、福建等地有极少量人工引种的黄花梨，但其材质与海南岛黄花梨有明显的区别。由于黄花梨特殊的生长条件与环境，使其产生了如鬼脸、狐狸脸、伞形纹、山水纹、闪电纹、虎皮纹、蜘蛛纹等特殊的纹理。

黄花梨色彩鲜美、纹理清晰、坚固稳定、香味宜人。在我国明代晚期已经被大量使用，且被皇家视作珍品，因此，宫廷考究的木制家具多用其制成。由于黄花梨具有艺术性与实用性的双重特点，并具有浓厚的民族特色与丰富的文化内涵，故黄花梨家具在国内外享有极高的声誉，有“东方艺术明珠”的美称。“黄花梨家具经过几个世纪还能十分完整地流传下来，与其自身的高度防腐、防潮、防白蚁咬噬等性能关系密切”“在自然阳光下，几百年前的旧家具经过重新擦拭并涂上无色透明的蜂蜡后，其金光闪烁的高贵品质依然如故”，而“合适的密度与天然油性使得黄花梨在铲地、起线时从不戗茬。生动的人物表情、鲜活的四季花卉、跃跃欲试的虫鸟动物及饱满、圆润、流畅的线条都可以在黄花梨家具上细细描绘”。也正是由于黄花梨的天然特性，使复杂、合理、严谨的榫卯结构更加牢固、稳定。黄花梨由于其色泽与美丽的花纹，所以一般很少雕刻，而是用生动多变的线条加以缀饰。如黄花梨托角榫酒桌，“腿面饰双混面双边线，里面饰单混面双边线，两侧腿间装双枨，饰双混面双边线，既没有破坏黄花梨原有的花纹，也起到了避免腿面单调无味的缺陷。特别是桌沿突起的拦水线，许多人以为是后贴上的，实则不然，而是将整块黄花梨大部分铲除独留拦水线，起线十分规矩、圆满、流畅”。所以将黄花梨家具看成是线条语言的集合体，是有一定缘由的。

黄花梨家具在中国家具发展史上并不是一直享有至尊的地位，直到明代万历年后的一段时期内才独领风骚，成为宫廷家具之翘楚。但到清代，雍容华贵、如缎似玉的紫檀家具逐渐替代黄花梨而成为宫廷家具之首选，甚至有些黄花梨家具被漆成紫檀色以表时尚。在王世襄先生的明式家具研究方面的专著出版之前，黄花梨家具仍屈居于紫檀家具之后，未被认可[14]。

（二）紫檀木

紫檀木是极为名贵的木料之一，其木质坚硬、致密，纹理纤细、浮动，色调深沉、稳重，被视为木中极品。又因其生长缓慢，非数百年不能成材，成材大料极难得到，故有“一寸紫檀一寸金”的说法。我国古代对紫檀木的认识和使用，据说始于东汉末期。晋代崔豹《古今注》称：“紫㯋木，出扶南，色紫，亦谓之‘紫檀’。”唐朝诗人王建的名句“黄金捍拨紫檀槽，弦索初张调更高”，给予紫檀木高度的评价。

紫檀木主要生长于印度南部、西南部山区，比较集中的产地为迈索尔邦。因土壤贫瘠，山坡陡峭不利于水分的保存，致使紫檀木的生长十分缓慢，成材周期一般在500年以上。紫檀木空心者居多，有“十檀九空”之说，出材率较低，一般只有10%~20%。这是紫檀木奇缺稀少、价格高昂的主要原因。紫檀木本身具有细腻的质地、

沉稳的色泽以及饱满的纹理。它这种坚重细密、油性重、色泽一致的天性则刚好满足工匠雕琢、展示才气的愿望，制作的家具给人以厚重、静穆的感受。明代时的紫檀家具相对较少，到清乾隆、嘉庆时期才成为宫廷宠儿。

（三）花梨木

花梨木又称为“花榈木”，颜色鲜艳，纹理清晰。花梨木并不是单独的一种树种，其属紫檀属，为蝶形花亚科红豆属植物。据载：“花梨产交（交趾，今越南）广（即广东、广西）溪涧，一名‘花榈树’。叶如梨而无实，木色红紫而肌理细腻，可作桌椅器具文房诸器。”

（四）铁梨木

铁梨木又称“铁力木”“铁栗木”。在硬木类木材中，铁梨木最为高大、坚硬。因其料大，多用来制作大件器物，经久耐用。铁梨木主要产于我国两广地区。周默先生通过研究认为铁力木应当为格木[15]。明代以前的典籍中将格木称为“石盐”，明代以后将其称为“铁力木”，《西通志》也称其为“铁力木”。实际上历史典籍中的“石盐”“铁力木”的故乡广西容县、藤县的老百姓一直称其为“格木”。经过广西林科院木材学家欧文先生的检测、对比，以及中国林科院木材研究所的鉴定可知，所谓的“铁力木家具”实际上就是格木家具。千年的张冠李戴终于被纠正。

（五）鸡翅木

鸡翅木为崖豆属、铁刀木属树种，又称“杞梓木”，以其木质纹理酷似鸡的翅膀而命名，分布于非洲、南亚、东南亚及中国的广东、广西、云南、福建等地区。鸡翅木分为老鸡翅木和新鸡翅木，明清家具用的都是老鸡翅木，木色较灰，纹理并不很明显，只能胜任一般的雕刻；新鸡翅木纤维粗，韧性好，纹理分明，不宜雕刻，颜色略黄。

（六）酸枝木

酸枝木为豆科植物中蝶形花亚科黄檀属植物。在黄檀属植物中，除海南黄花梨外，其余都是酸枝木，古时所说的红木即为酸枝木。酸枝木大体上分为黑酸枝、红酸枝和白酸枝三种。酸枝木的特征之一是在木料加工过程中会发出醋酸味，不同树种的味道浓淡不同。黑酸枝木多为紫红、紫褐或紫黑，木质坚硬，纹理顺直，抛光效果好。黑酸枝木与紫檀木接近，常被误认为紫檀木，但实际上黑酸枝木的纹理比紫檀木粗大许多。红酸枝木的纹理与黑酸枝木相比更为明显，白酸枝木颜色比红酸枝木的颜色还要明显。

（七）楠木

楠木产自我国四川、云南、广西、湖北、湖南等地，为常绿乔木，叶为长椭圆形。据记载："楠木有三种，一曰香楠，又名紫楠；二曰金丝楠；三曰水楠。南方者多香楠，木微紫而清香，纹美。金丝者出川涧中，木纹有金丝。楠木之至美者，向阳处或结成人物山水之纹。水楠色清而木质甚松，如水杨之类，惟（唯）可做桌凳之类。"传说楠木水不能浸，蚁不能穴，因此南方人常用其做棺木或者牌匾。因楠木材大，坚实抗腐，因此明代宫殿及重要建筑中多用楠木作为栋梁，但由于对楠木的开采耗费过大，自清代中后期改用满洲黄松。因此，现在所见的北京古建筑中，楠木与黄松参半。

二、硬杂木木材

除了以上所列举的高级木材之外，家具制作中还常使用硬杂

木。主要包括以下几种。

（一）影木

影木也称“瘿木”，指的是木质的纹理特征，并不专指一种木材。树木生瘤其实是树木生病所结的痂，并不是通常现象，所以数量较少，大材尤其难得。影木分多种，有楠木影、桦木影、榆木影等。瘿木又可分南瘿、北瘿，南方多枫树瘿，北方多榆木瘿。《博物要览》卷十云：“影木产西川溪涧，树身及枝叶如楠。年历久远者，可合抱，木理多节，缩蹙成山水人物鸟兽之纹。”由于影木比其他材料更为难得，所以大都用作面料，四周以其他硬木镶边，世人所见影木家具，大致如此。

（二）乌木

乌木为柿树科柿树属，属于乌木类，俗称“黑檀”，又叫作“巫木”，多产于海南、南番、云南等地。其木坚实如铁，老者纯黑色，光亮如漆，可做器，被赞为“珍木”。

（三）榉木

榉木也可写作“椐木”或“椇木”，明代《通雅》又名为“灵寿木”，产于我国江苏、浙江等地。北方无此木种，故称此木为“南榆”。榉木属榆科，落叶乔木，高数丈，树皮坚硬，灰褐色，有粗皱纹和小突起，其老木树皮似鳞片可剥落。榉木纹理直顺，坚实耐久，花纹美丽，有光泽。榉木在明清两代传统家具中使用极广，至今仍有大量实物传世。榉木家具多为明式风格，其造型及制作手法与黄花梨等硬木基本相同，具有一定的艺术价值和历史价值[16]。

（四）黄杨木

黄杨木为常绿灌木，枝叶繁茂，不花不实，四季常青，在我国南北方均可常见。传说黄杨木每年只长一寸，不多不少，而遇闰年反缩一寸，后《博物要览》解释，并非缩减，只是不长罢了。黄杨木木质坚实，因其难长，故无大料。小件多用于制作木梳和刻印之类，或用于家具或器物上的镶嵌花纹，至今未见大件黄杨木家具。

（五）榆木

榆木属落叶乔木，产于我国东北及华北广大地区。其木纹顺直，结构粗壮，材质略重，适合做家具。目前见到的传世家具多来自民间，少有宫廷之作。榆木家具的表面常需要涂抹一层油漆，以弥补其结构粗的不足。

（六）桦木

桦木属落叶乔木，产于我国辽东及西北地区。桦木分为两种，一种为白桦，黄白色；另一种为枫桦，淡红褐色。其中枫桦木质较重且硬，弹性、加工性能较好，所以适于做家具的表材。

（七）樟木

樟木多产自江西豫章，其肌理细腻、错综，切面光滑，有光泽，漆油后色泽十分美丽，干燥后又不易变形，耐久性强，可做染色处理，易于雕刻，多用作家具衬板等。其木气芬烈，可驱蚊虫。

（八）楸木

楸木为大戟科落叶乔木，木材细致，易裂，常用于窗棂、隔扇以及供器的制作。

第三节

明式家具的种类

明式家具种类较多，依用途不同主要分为桌、案、几、椅、凳、屏风、柜、橱、箱、架格、床榻等。

一、桌、案、几

桌、案、几都是一个面和四条腿，从形式上难以区分它们的界限，习惯上称体积较大的为“桌”“案”，较小的为“几”。桌与案相同点更多，如果四腿在面的四角则称“桌”，四腿在案头里侧一些位置称“案”。如果面上两端带翘头都称“翘头案”。案和桌可通称为“书案”“书桌”。桌、案、几的高度，在历史上有过由低变高的演变。宋以后人们改席地而坐为垂足而坐，因此产生了高足家具。原来的矮几案逐渐演变为高足的桌案。

明代时期的桌、案、几种类繁多，有圆桌、半圆桌、方桌、长方桌、炕桌、琴桌、棋牌桌、平头案、翘头案、炕几、香几、茶几等。

（一）桌

桌子分为有束腰和无束腰两种。有束腰的家具是在桌面下缩进一些，好似家具的腰带，束腰下的牙板与桌面边沿齐平。有的束腰是与牙板一木做成，也有的是单独安一根木条做成。还有一种高束腰，是在桌面下装矮老，分成数格，四角及四腿的上端与矮老融为一体。桌面下、矮老两侧以及牙板的平面均起槽，中间镶绦条板。这类束高腰的桌子腿间都安霸王枨，有的还在挡板板心上雕刻图案或镂空花纹。无束腰的桌子为四腿直接承托桌面，腿间多采用罗锅枨加矮老或者牙板形式，用以固定四足和承托桌面。

1. 方桌

方桌有大小之分，大的称为“大八仙桌”，小的称为“小八仙桌”。常见的有一腿三牙方桌、霸王枨方桌以及罗锅枨方桌。一腿三牙方桌的侧脚收分比较明显，足端没有任何雕饰。霸王枨是在方桌的桌腿内角线与桌里横带之间添加的一条“S”形曲枨，用于固定桌腿。采用霸王枨的方桌，面下牙条较窄，使得面下空间开阔。罗锅枨方桌主要在无束腰方桌中常见，即在其四腿间安拱形横枨，两端低，中间拱起，上部用矮老或者卡子花与桌面或牙条相连。罗锅枨的作用也是为了开阔面下空间，增强使用功能。现举几例。

（1）明代黄花梨霸王枨方桌

明代黄花梨霸王枨方桌长79厘米，宽79厘米，高80厘米，现藏

明・黄花梨霸王枨方桌

北京市龙顺成中式家具厂。桌腿四角倒圆，正中有一根皮条线，线条简洁，装饰效果强。四腿之间采用了霸王枨连接于面带之下。牙板与牙头具有装饰、支撑功能，活动空间大。此种结构在明式家具中比较常见。

（2）明代黄花梨圆包圆方桌

明代黄花梨圆包圆方桌长97厘米，宽97厘米，高87厘米，现藏北京市龙顺成中式家具厂。圆腿，束腰，牙板由三条圆弧纹组成，最下面一根圆弧枨与桌腿相交，造型明快简洁，为典型明式制作手法。

明・黄花梨圆包圆方桌

（3）明代黄花梨半桌

明代黄花梨半桌长95.5厘米，宽47.5厘米，高84厘米，现藏北京市龙顺成中式家具厂。桌子既可单独使用，又可拼接使用。半桌

明·黄花梨半桌

简洁无纹饰，桌面下有束腰，四条腿在上部以罗锅枨连接，内翻马蹄足。

2. 圆桌与半圆桌

圆桌多用于厅堂中，作为客厅中临时使用的家具，比如宴请等，为方便移动多以组合形式呈现。有的圆桌在面下安装活动轴，可以转动使用。半圆桌又称“月牙桌”，一般都是成对使用的，两个拼合起来就成为一个圆桌了。

3. 炕桌

炕是我国北方天气寒冷地区的室内建置之一。它用砖坯砌成台座，下面通风，连通烟道，可以烧火取暖。在床上或炕上使用的矮形桌案称“炕桌”，名曰“炕桌”已经说明了它的用途。炕桌一般为长方形，也有腿足缩进安装的案形与三块板交接而成的几形。炕桌居中摆，以便两旁坐人。炕桌的制作尺寸有一定标准，一般抹头为大边的三分之二[17]。较窄不符合标准的长桌一般不正中摆，而是顺墙壁摆或放在炕的两旁，上面摆放一些用具或陈设，以供阅读、喝茶和吃饭时使用。

炕桌是明代家具中十分常见的品种之一，现今仍有较多的实物传世，其中用南方的珍贵木材制成的炕桌不在少数。“不过我们查阅宋元绘画，在描写中原或南方景物的作品中竟难看到它的形象。有几分像炕桌，似是而非的有宋人《宫沼纳凉图》中妇人背倚的一具。尺寸高，用料细，与其说它是炕桌，不如说是酒桌被搬上了壶门床。又如元刘贯道的《消夏图》画入屏风放在壶门床上的一具，造型如台座，上置笔砚，功能近似都承盘，也很难说它是炕桌。”[18]

明・黄花梨插肩榫炕桌

明・黄花梨三弯腿炕桌

明·黄花梨高束腰雕花炕桌

4. 琴桌

琴桌在宋代已经出现。宋代赵佶《听琴图》中已有琴桌的描绘。明代的琴桌继续沿用古制，讲究以石为面，也有厚木面的，还有使用“郭公砖”[19]做桌面的。郭公砖是空心的，以其为台面，容易形成共鸣腔，使琴声听起来清冷而动人，音色极好。

（二）案

案，长条形，腿足并不在四角，而是在案头缩进去的一些位置。案腿上端开夹头榫，用两条牙板把两腿连接起来，共同支撑案面。案的腿间大多雕有各种图案的板心或圈口。案的形式多样，有平头案、翘头案、架几案等。案面平直的案是平头案；案面两端装有翘起的飞角的是翘头案。架几案是狭长的案，是几与案的组合体，由两只几架起案面。案足有两种做法，一种是案足不直接落地，而落在托泥上[20]。案的托泥和桌子的托泥不同，是一个长条形的木方子。另一种是不带托泥的，腿足直接落地，接地的部位稍稍向外撇一些。无论是落地的还是不落地的，两种案的上部做工大体是一致的。举以下四例。

1. 明代鸡翅木夹头榫翘头案

明代鸡翅木夹头榫翘头案长160厘米，宽41厘米，高84厘米，私人收藏。此案风格简洁、线条流畅、比例匀称。云头牙子造型曲线舒缓流畅，翻转自然。面心为独板，小翘头，素牙板，素券口。腿部起棱装饰，带托泥，托泥下挖壶门式弧线，为标准明式家具[21]。

明·鸡翅木夹头榫翘头案

2. 明代黄花梨翘头案

明代黄花梨翘头案长252厘米，宽56厘米，高92厘米，现藏北京市龙顺成中式家具厂。牙板浮雕草龙纹，腿部两侧透雕草龙纹，两边宽皮条线直落在托泥座上，挺拔刚劲，虽有修复痕迹，仍不失明式家具特征[22]。

明·黄花梨翘头案

3. 明代黄花梨条案

明代黄花梨条案长201厘米，宽48.2厘米，高81.3厘米，现藏首都博物馆。案面攒框，抹边开透榫，边缘起冰盘沿线脚，面心镶独板。四足以夹头榫结构连接牙板和案面，前后两腿间设两根横枨。案面背面有五条拖带与边框榫接，髹黑漆[23]。

明·黄花梨条案

4. 明代铁梨木画案

明代铁梨木画案长200厘米，宽69厘米，高85厘米，现藏北京市龙顺成中式家具厂。案面长方平直，案面之下替木牙条及云纹牙头。腿足上端安有罗锅枨，牙条和罗锅枨之间装透雕卡子花。此案的每条腿足都与左右两根长牙条及转角的一块角牙相交，其下又有罗锅枨，故又称“一腿三牙罗锅枨长案”，为典型明式家具的做工。

明·铁梨木画案

（三）几

几可用于放置焚香炉，陈设花瓶或者花盆，摆放古玩等。几的种类繁多，样式丰富，高矮有别，用途广泛灵活，如香几、茶几、

明·黄花梨方几

明·核桃木六方几

炕几、蝶几、燕几等，因其用途不同而得名。

茶几多为方形或长方形，其高度与扶手椅的高度相当，一般两把扶手椅中间常夹一茶几，在上面放置茶具等。茶几在明代后期才广泛使用，明式家具的扶手椅多无束腰，因此与其配合使用的茶几也多无束腰。

蝶几又称为“奇巧桌”或“七巧桌”。从名称上就可以想象到其形式是根据七巧板的形状而做成的。为了方便使用，有的蝶几做成两套，多的有13件的。每一件的比例尺寸都要遵守严格的标准。

蝶几最大的特点是使用灵活，可根据陈设环境拼成方形、长方形，还能做成犬牙式，在园林或者厅堂中陈设别具一格。

燕几发明于宋代，到明代时还在使用。燕几也称作“宴几”，由7件组成，按照一定的比例规则组合为一套使用，单独使用或者拼合使用都可以，灵活自如。

二、椅、凳

（一）椅子

椅子的形象最早见于西魏壁画《山林仙人》，实际使用可以追溯到更早。东汉末年，椅子随北方少数民族传入中原地区。当时的椅子为折叠式，可张可合，携带方便，到唐代就发展成直腿和固定式的了。椅子种类较多，有宝座、交椅、圈椅、官帽椅、玫瑰椅、靠背椅等[24]。现介绍几种常见类型。

1. 交椅

交椅是由交杌发展而来的。交杌即古代的胡床，起源于北方游牧民族，北方人称为“马扎”，民间俗称“折叠凳”。胡床本是一种无靠背的简易坐具，当人们在其座屉之上增设靠背之后，它便成为一种可倚可坐的椅子，就座时，人的肘部、臂膀都得以支撑，非常舒适，故大受欢迎。由于这种椅子以交接点做轴，四足成对相交，便于折合，故名其为“交椅”。宋代时交椅又称“太师椅”。宋张端义《贵耳集》曰：“今之交椅，古之胡床也，自来只有栲栳式，宰执侍从皆用之。因秦师垣在国忌所偃仰，片时坠巾。京尹吴渊奉承时相，出意选制荷叶首四十柄，载赴国忌所，遣匠者顷刻添上。凡宰执侍从皆有之，遂号太师样。”文中所说的“秦师垣”，即南宋太师秦桧，为其定制的交椅，后人称为“太师椅”。

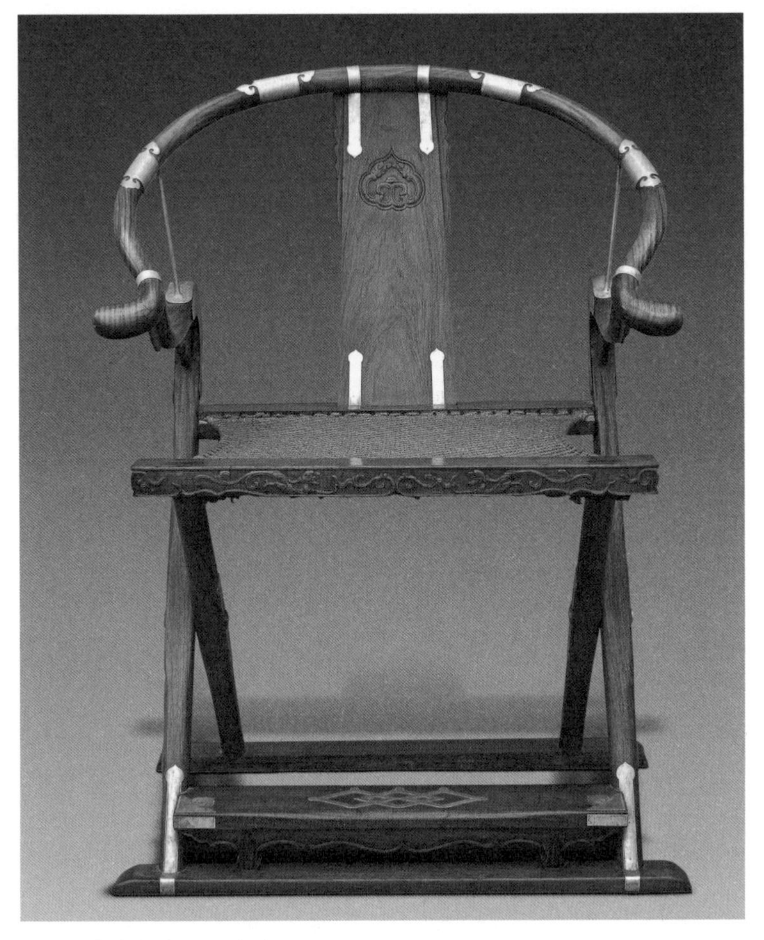

明·黄花梨如意云头交椅

2. 圈椅

圈椅是由交椅发展而来的。圈椅与交椅不同之处在于，其腿部为四足，而非交叉，用木板做面，与平常椅子的底盘区别不大，只是在椅面以上的部分仍保留着交椅的形式。圈椅少有装饰，只在背板正中雕有一组简单的浮雕纹饰，背板处根据人体脊椎的曲线都做成“S”形曲线。明代中后期，有的椅圈会在扶手尽头的云头外透雕一组花纹，一方面可以美化家具，另一方面又起到加固的作用。现举以下两例。

（1）明代黄花梨圈椅

明代黄花梨圈椅长60厘米，宽47厘米，高99厘米，现藏北京市龙顺成中式家具厂。其靠背为圆形，委婉流畅，扶手两端向外翻卷。靠背板略呈下收上展的曲线形弯曲，上有圆形浮雕。座面装藤心，座面之下为壶门券口。四条腿足直下，足下为步步高管脚枨。此椅雕饰精致，做工细腻。

明·黄花梨圈椅

（2）清初黄花梨圈椅

清初黄花梨圈椅长62厘米，宽48厘米，座面高51厘米，通高104.5厘米，现藏北京艺术博物馆。椅圈五接，略带扁形。背板弧形，上部正中浮雕一个团花纹。座面为藤面，落堂式镶嵌。有束腰，牙板与直腿用插肩榫连接，拐角处均装浮雕云纹花角。前面踏脚枨装素牙条，侧面、后面装罗锅枨，内翻马蹄足。

清初·黄花梨圈椅

3. 官帽椅

官帽椅也称为“扶手椅”，其名称源于宋代，其搭脑两头伸出的地方像宋代的官帽，故取此名。官帽椅主要分为四出官帽椅和南官帽椅两种。四出官帽椅的椅背搭脑和扶手的前拐角处不是做成软圆角，而是通过立柱后，又向后方和两侧微微弯曲，形成一条自然而流畅的曲线。四出官帽椅大多用黄花梨木制成，背板多用一块整板制成，呈“S”形。其结构造型朴素大方，给人以优雅、高逸的感觉。南官帽椅以扶手和搭脑不出头而向下弯扣其直交的枨子为主要特征，通常成堂或者成对摆设。南官帽椅的用材可方可圆、可曲可直，虽然从造型上不如四出头式大方，但在装饰手法上多在椅背及扶手上实施镂雕等装饰形式。其“S”形椅背多采用边框镶板的做

法，板上有时候分为数格，有时候锼雕如意云头，有时候浮雕出一组简洁的图案，美观大方。现举两例。

（1）明代黄花梨四出官帽椅

明代黄花梨四出官帽椅长60厘米，宽45.5厘米，高117厘米，现藏北京市龙顺成中式家具厂。四出官帽椅的靠背、扶手与鹅脖都有曲线。靠背板采用攒框做法，分为三段，上为实木板，中间镶瘿木心，下端锼出壶门亮脚。座面装硬屉藤心板，座面下的前腿之间，镶有壶门券口，踏脚枨下有牙条装饰，造型素雅大方[25]。

明・黄花梨四出官帽椅

（2）明代鸡翅木南官帽椅

明代鸡翅木南官帽椅长58厘米，宽46厘米，座高51厘米，高98厘米，私人收藏。此对南官帽椅注重纹理的表现，光素自然，靠背及扶手处的铜饰起到加固作用。做工特殊之处是在座面下沿加一圈横枨，罗锅枨上的矮老直接与横枨相连。脚枨逐级加高，取意步步高升，风格朴素简练。

明·鸡翅木南官帽椅

4. 玫瑰椅

玫瑰椅是一种别致、小巧的椅子，据说其实际为南官帽椅的一种，在南方又被称为“文椅”。但无论是玫瑰椅还是文椅，在史

明·黄花梨玫瑰椅

书中都没有确切记载。“玫瑰”二字并不是指玫瑰花，而是指美玉，赞其椅别致、精巧之意。玫瑰椅的椅背通常低于其他各式椅子，两侧有扶手，椅背略高于扶手，若放在窗台前，椅背是不高出窗台的。玫瑰椅多为黄花梨材质，“往往被放在桌案的两边，对面而设；或不用桌案，双双并列；或不规则地斜对着，摆法灵活多变”[26]。

如明代黄花梨双套环玫瑰椅，长56厘米，宽42.8厘米，座高50厘米，通高87厘米，现藏北京市龙顺成中式家具厂。此椅做工简洁明快，枨、腿及扶手用料为圆形。后背枨加小圆枨，扶手与后背横枨上加双套环，下加多根小圆立柱。椅面为细藤编制，做工精细[27]。

明 · 黄花梨双套环玫瑰椅

（二）凳

古代“凳”这个字，最初并不是指坐具，而是专指蹬具，也就是我们今天所说的脚踏，又称“脚凳”。在古代家具中，脚踏不被认为是单独的一类家具，而是椅子、宝座、床榻等家具的附件。凳子作为不带靠背的坐具，那是后来的事儿。凳子时称“胡床”，别称“杌”，俗称“交杌”“杌子”“杌凳”。凳子的形状有正方形、长方形、长条形、圆形、椭圆形等。种类也是多种多样，有方凳、圆凳、长条凳、长方凳、五方杌、六方杌、梅花式杌等。凳面板心的用材和制作也很讲究，有硬木、影木心、木框漆心、珐琅心、瓷心以及大理石心等。

“小方凳的凳面打槽攒板，呈正方形，仅一尺见方。大的方凳座面大约有两尺见方。”圆凳也称为“圆杌”，三足、四足、五足、六足的都有。长凳凳体呈长方体形，其宽度至少可供两人并坐，属于家居日用品，旧时小户人家常用，南方比北方多见，称为“春凳”。

凳子分为有束腰和无束腰两种类型。有束腰的凳子主要用方料，不太用圆料，可以做成曲腿、鼓腿彭牙、三弯腿等，其足端可做成内翻或外翻马蹄形；而无束腰的凳子方料、圆料都可以用，都要做成直腿，其足端不做任何的装饰。举以下两例。

1. 明代黄花梨方凳

明代黄花梨方凳长64厘米，宽64厘米，高55厘米，现藏北京市龙顺成中式家具厂。凳面采用落堂作，四镶框，中间打槽嵌装屉面，下有束腰。牙子正中浮雕云纹，两侧透雕拐子纹。牙条及腿足边缘起阳线。足端雕回纹并呈内翻马蹄形。装饰虽多，却不繁缛，是一件艺术价值较高的明式家具[28]。

明·黄花梨方凳

2. 清初紫檀鼓腿彭牙带托泥方凳

清初紫檀鼓腿彭牙带托泥方凳长41.5厘米，宽31.5厘米，高51.5厘米，现藏北京市龙顺成中式家具厂。凳面为泥鳅背云头沿，束腰中刻有凸出的长条圆头带，带之间有鼓钉纹。牙板与凳腿刻有云

清初·紫檀鼓腿彭牙带托泥方凳

纹，凳腿为弧形，内翻马蹄足，托泥贴地与足相交[29]。

绣墩又称“坐墩”，因常铺有锦绣，故称为“绣墩”。绣墩为圆形，腹部大，上下小，造型似古代的鼓，所以又称为“鼓墩”。墩与凳子同义，是极富有个性的传统坐具。沈从文先生辨析坐墩作为低矮家具的一员在战国时代已经存在，而作为垂足而坐的家具约产生于唐代。宋元时期的绣墩形体较大，明代绣墩形体略小，但稍大于清代，清代的绣墩更为小巧。绣墩的“做法是直接采用木板攒鼓的手法，做成两端小、中间大的腰鼓形。两端各雕弦纹和象征固定鼓皮的乳钉，因此又名‘花鼓墩’。为了提携方便，有的在腰间两侧钉环，或在中间开出四个海棠式透孔”。

绣墩造型美观、灵巧富丽、素雅古朴，不仅可在室内使用，也可在庭园、室外陈设。明清时期的绣墩有木制的（如紫檀木、黄花梨等）、蒲草编织的、竹藤编织的、瓷的、雕漆的、彩漆的。座面的式样有圆形、椭圆形、海棠形、梅花形、瓜棱形等。墩面的装饰也很讲究，常镶嵌彩石、大理石、藤等。

三、屏风

屏风的制作与使用在汉代已很普遍，且至明代无大变化，具有作为临时隔断或者遮蔽视线的作用。屏风主要有落地式和带座式两大类。落地式屏风即为多扇折叠屏风，又叫作“软屏风”，其扇数多为双数，最多可达数十扇。带座式屏风是把屏风腿插在坚固的底座上，所以又叫作“硬屏风”，其扇数多为单数，三、五、七、九扇不等。每扇屏之间用走马销衔接，屏顶有雕花屏帽装饰，加强了屏风的坚固性。现将屏风细分为座屏、围屏、插屏、挂屏等几种形式进行一一介绍。

（一）座屏

座屏是带“八”字形底座的屏风，属于带座式屏风，其扇数多由单数组成，最少为三扇，最多为九扇。通常座屏正中的一扇较高，两边略低，整体呈现山字形。在宫廷中，座屏一般陈设在各宫殿的正殿，与宝座、香几、宫扇、甪端等组成一套固定而庄严的陈设，故属于屏风等级中最高的一类，象征着皇权至上。

（二）围屏

围屏是一种可以折叠的屏风，属于落地式屏风，没有底座，扇数由双数组成，一般分为四扇、六扇、八扇、十二扇。整套屏风被连成一体，将屏风打开一定角度便可直立，多用于临时性陈设。围屏的装饰形式包括雕填、镶嵌等。围屏的特点是使用时比较灵活，可以根据室内空间的大小随意弯曲。同时可以用它来分割较大的空间，轻巧灵活、运用自如[30]。

（三）插屏

插屏属于带座式屏风，多为独扇，有大有小，大的可达3米有余，小的只有20多厘米。大型插屏多设置在室内当门处，用于阻隔视线、挡风、装饰室内环境等。小型插屏多陈设在案桌上，作为观赏之用。早期插屏，底座与屏扇固定一体，不可拆分，明代之后可装可卸，更贴合于“插屏”一名。

（四）挂屏

挂屏出现于清代初期，主要悬挂在墙壁上，为纯粹的装饰品。挂屏一般成对或成套使用，四扇一组为四扇屏，八扇一组为八扇屏。

四、柜、橱、箱、架格

明代的柜、橱、箱、架格等橱柜类家具，泛指的是存储器具、衣物的家具。柜、橱、箱等家具注重发挥存储的功能，而架格类家具在存放东西的实用功能之外还兼具美化居室环境的作用。

（一）柜

《尚书》曰："武王有疾，周公作册，纳之金縢之匮中。""匮"同"柜"，这应该是关于柜子较早的文献记载了。从河南信阳长台关战国墓出土的小柜和湖北随州曾侯乙墓出土的漆木衣柜上，我们又可看到早期柜子的实物形象。河南陕县刘家渠东汉墓出土的绿釉陶柜模型已经展现出箱柜作为家具的成熟造型。"它的柜身呈长方形，周身饰有乳钉纹；柜顶中部有可开启的柜盖，配有暗锁；柜身下有四足。柜子加锁，可用来储放珠玉细软等贵重物品，具备防盗功能。而锁钥、合页这类小五金饰件也成为柜箱类家具较重要的组成部分。"[31]柜子发展到明代，其主要品种包括圆角柜、方角柜和亮格柜。

1. 圆角柜

圆角柜又称"圆脚柜"，是很有特色的一种明式家具。王世襄先生在他所著的《明式家具珍赏》一书中将圆角柜称为"木轴门柜""面条柜"。从造型上看，柜身上小下大，收分明显。圆角柜顶部装有柜帽，顶部的转角处被削成圆弧形，其四足用的也是圆料，没有明显的侧脚。柜门或两扇，或四扇，扇门之间的活动处装有门轴。圆角柜的底枨下设有朴素的牙条与牙头。圆角柜坚固耐用，稳重大方。现举三例。

（1）明代黄花梨对开门圆角柜

明代黄花梨对开门圆角柜长83.5厘米，宽42厘米，高174厘米，

现藏北京艺术博物馆。此柜素面，造型略呈A字形，对开门，门上镶独板，底枨正、侧面装有牙条，四条腿直下，方足。

明·黄花梨对开门圆角柜

（2）明代黄花梨圆角柜

明代黄花梨圆角柜长94.5厘米，宽50厘米，高182厘米，现藏北京市龙顺成中式家具厂。此柜素面，造型略呈A字形。整柜用圆料制成，四立柱与腿为一根整料。门与柜子的结合无合页，为门轴插入

明・黄花梨圆角柜

式做法，有明显的侧腿。

（3）明代铁梨木五抹门圆角柜

明代铁梨木五抹门圆角柜上部长93厘米，下部长97厘米，宽48.4厘米，高188厘米，现藏北京艺术博物馆。柜架由铁梨木制成，内镶

明·铁梨木五抹门圆角柜

瘿木面。柜设两面对开门，两扇门之间有立栓，所有立栓和横枨都混面压边线，突出了线条美。门下装有柜肚，内设闷仓。底枨两侧和前面装牙条，四条腿直下，方足。

2. 方角柜

方角柜与圆角柜最明显的差异是其柜身四边和腿足皆为方棱，无柜帽，腿足部分没有向外撇出的侧脚。柜门分为装有闩竿的和没有闩竿的硬挤门。方角柜常多件组合使用，单独一件使用时称为“立柜”，又名“一封书式”，意思是一件方角柜孤零零地像一部有函套的线装书似的，很形象。常见的一封书式立柜上多安有小型顶箱。根据顶箱与立柜的数目，可分为两件柜（即一个顶箱加一个立柜）、二件柜（即两个顶箱加一个立柜）、四件柜（即一对两件柜）和六件柜（即四个顶箱加两个立柜）。

四件柜较为常见，是在一对两开门的方角柜上叠放一对两开门的顶箱组合而成，又称为“顶竖柜”。大户人家内室之中在靠墙的一面常安放一组四件柜，用以存放衣物、被褥等家常物品。这种四件柜往往体量巨大，高度可达三四米，几乎与房梁相齐。四件柜可以并排陈设，也可以左右相对陈设。左右对称摆放时会在中间安放一张闷户橱，也是室内家具固定陈设之一。当然，四件柜并不都是那么形制巨大，还有小的四件柜，可以放在炕上靠墙的一面作为摆放。明代的四件柜多以黄花梨木居多，大多光素无饰。现举三例。

（1）明代黄花梨顶箱柜

明代黄花梨顶箱柜长142厘米，宽60厘米，高267厘米，现藏北京市龙顺成中式家具厂。此柜由顶箱和立柜两部分组成，顶箱及立柜皆为对开门，两扇门之间有立栓，门上有圆形黄铜面叶及吊牌。柜门内分上下两层，上层有隔板将上层空间分为几层，柜门下层有闷仓。此

明·黄花梨顶箱柜

柜四腿直下，上安替木牙子，方足。顶箱柜造型简朴大方，特别是其黄铜饰件装饰在色泽明快的黄花梨上，别具特色[32]。

（2）明代黄花梨四件柜

明代黄花梨四件柜长167.5厘米，宽76.2厘米，高282厘米，现藏北京市文物局。此柜由顶箱和立柜两部分组成，上下柜均设对开门，两门之间有立栓，中间装黄铜面叶，对开门用铜合页与柜体相连。立柜大门下装有柜肚，内设闷仓，底帐两侧和天面装牙条，四腿直下，方足。大柜设计平滑、朴实，突出木材纹理的自然美。用黄花梨制作如此高大、厚重、气派的柜子实属罕见[33]。

明·黄花梨四件柜

（3）明代黄花梨六门小柜

明代黄花梨六门小柜长75厘米，宽36厘米，高106厘米，现藏北京艺术博物馆。柜分为上下两层，上层为一对两扇对开大门，大门之间有立栓。四腿直下，方足。底枨两侧和前面装牙条。整体造型规整，式样简洁大方。

明·黄花梨六门小柜

3. 亮格柜

亮格柜是亮格和柜子的结合。亮格是指不装门的格层；柜是指有门的立柜。明式家具中的亮格柜都是亮格在上，柜子在下，既可陈设器玩，又可存储物品，一柜两用。一般厅堂或者书房都备有这种家具，上格放书，下边柜内放一些临时待客用的杯盘茶具等，备受文人雅士的喜爱。

明·黄花梨亮格柜

清初·黄花梨亮格柜

清初·黄花梨亮格柜

（二）橱

橱的形体与案颇为类似，实为案与柜的结合，上面是案的样子，有抽屉，下面是柜。橱的体量较小，主要用于日常衣物的储藏，民间使用广泛。如若橱有两个抽屉，称为“联二橱”；如若有三个抽屉，称为“联三橱”。这里特别介绍一下闷户橱。闷户橱是橱中的特例。它是典型的案体结构，其腿足与橱面一般用插肩榫连接，橱面两端有翘头。闷户橱抽屉下面设有闷仓，可以存放钱财细软，因此经常被置于内室，同四件柜等家具组合使用。

明·黄花梨联三闷户炕橱

明·黄花梨联二闷户橱

（三）箱

箱子自古有之，为一种常见家具，既可以在家中使用，也可外出携带物品使用。明代之前的箱子顶部多为盝顶[34]，并有方圆之分，明代后期逐渐流行为平顶箱。明代的小箱子较为常见，有的小箱在箱盖里装上镜子就成了梳妆匣；有的用来存储文具就成了文具箱。

在汉代用竹篾编成的竹笥[35]应是箱子的最早形态。长沙马王堆汉墓中曾出土过多件竹篾，编制得十分精细，全部为人字形的几何花纹图案，内部还有黄绢作为衬里。“箱子”的名称到汉末才出现，主要用来存储衣被等物件，故又被称为“巾箱”或“衣箱”。唐代时箱子已成常见之物，其形态、用途直到明代变化都不是很大。明式小体积箱类家具中，设计最为巧妙的当数官皮箱，它是从宋代镜箱演变而来的。因为形体较小、灵活方便，所以官员出行或

明·黄花梨箱

出游时常携带这种箱子。别看官皮箱的形体不大，但其制作精致、结构复杂，由箱体、箱座、箱盖三部分构成。箱盖与箱体有扣合和锁具，箱体两侧有提手，皆为铜质。打开箱盖是一个约10厘米的深台，可放镜子等物品；再往下是对开两门，里面装有多个抽屉，用以存放文具、梳洗用具、首饰等。官皮箱做工考究、小巧实用，传世中紫檀者居多，黄花梨木者较少。

明·黄花梨麒麟纹官皮箱

（四）架格

1. 书格

明式架格的基本形式是由四根立木先组成一个框架，再从框架间装上多层格板，没有门，双面透空。一般用来摆放图书的架格常称为“书架”或“书格”，造型简洁、朴实无华。明代文震亨在《长物志》中称：“书架有大小二式，大者高七尺余，阔倍之。上

设十二格，每格仅可容书十册，以便检取。下格不可置书，以近地卑湿故也。足亦当稍高。小者可置几上，二格平头，方木、竹架及朱黑漆者，俱不堪用。”[36]此为最简易的书架。杨耀先生在《明式家具研究》一书中提到了更为复杂的明式书格，即在二层亮格下再装上两个抽屉，或是在三层亮格格板上雕上壶门曲线式的券口牙子[37]。

如清初的黄花梨书架，长93厘米，宽43厘米，高175厘米。书架分为三层，第一层下设两联屉，抽屉的面板浮雕螭龙纹。每层架三

清初·黄花梨书架

面围栏，透雕十字云纹。整个书架做工精细，简洁而不失典雅。

2. 架子

架子与书格的功能不尽相同，都因承载器物而存在，只是承载物品的方式不同罢了。书格是利用一个平面来承载，而各式架子则以立体的方式来支撑和承载物品。架子的种类主要有灯架、衣架、镜架、鼓架、鸟架、面盆架、火盆架、宫扇架、花盆架、盆景架、鱼缸架、兵器架等，其中以灯架、衣架和盆架较为典型。

（1）灯架

灯架用于承放油灯和蜡烛，又称为“灯杆”“灯台”，分为固定式、悬挂式、升降式三种。明式灯架多为固定圆杆式样。

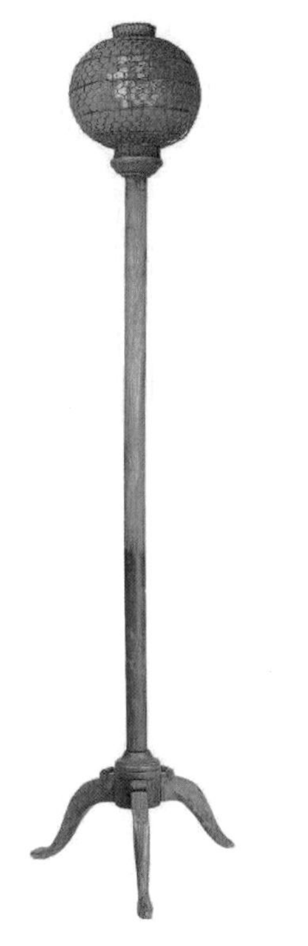

明·灯架

（2）衣架

衣架并非用来挂衣服，而是用于搭衣服。用两根立柱插入座墩之中固定，再于立柱上固定几根横材，就做成了简易的衣架。衣架一般放置在卧室床榻附近或者进门的一侧，是卧室中的附属家具，与床、橱、桌、椅等在大小、风格等方面协调统一。

明·黄花梨衣架

（3）盆架

盆架即承托盆类器具的架子，主要用于室内。盆架有矮、高两种形态。低矮盆架一般没有装饰，有三足、四足、六足之分，并有整体固定与折叠之别。一般六足的矮盆架可以折叠。高的盆架带有直靠背，其搭脑部分可以搭放毛巾。有的高盆架还会在下面安装一块小横板用来摆放肥皂盒。

五、床榻

床榻类家具泛指各种卧具及部分大型坐具。床榻在人的一生中占有重要的位置，且出现较早，历史悠久。正如古人云："日居其半，夜居其半。"据《广博物志》记载："神农氏发明床、席和裀褥；轩辕氏发明帷帐和几；尧始作毯；夏禹作屏、案；少昊作箦[38]；伊尹制承尘；吕望作书匣和榻；后夔作衣架；周公作箪、帘和筵玷[39]；召公作椅；秦始皇作镜台；汉武帝始效北蕃作交椅；曹操作懒架。"尽管这是传说中的记载，但床是较早出现的家具，这是毋庸置疑的。

床榻因形体较大且低矮，所以在商周时期既是卧具又是坐具。至东晋、南北朝时期，随着人们坐姿的改变，传统习惯被打破，高足家具也就应运而生。床体升高，床下竟可容人。唐、五代至两宋时期，床榻的形制及风格基本上一致，大都无围子，俗称"四面床"。尽管辽与北宋、金与南宋同处一个时代，但辽、金的家具生产却早于中原地区。从内蒙古出土的辽代木床和山西襄汾金墓出土的木床及山西大同金代阎德源墓出土的木床可知，虽是入葬的明器，但从形制上看都装有栏杆和围板，足以证明高足家具的演变应是由北向南发展而来的。沧海桑田，床榻家具随着历史的发展而逐渐演变，也从一个侧面反映了人类社会的进步。

床榻一般放置于室内，位置相对固定。明代的床榻主要有架子床、拔步床、罗汉床等类型。明代架子床多在南方使用，形体较大，做工精致，用料硕大，朴质典雅。拔步床又称为“八步床”，为明代晚期典型的床榻家具。拔步床体积庞大，结构较为复杂，整体构造如室中室、房中房，颇受中国古代建筑中梁架结构的影响。罗汉床由汉代的榻演变而来，榻上加上三面围子就成了罗汉床。罗汉床有大有小，放置内室为床，放于厅堂为榻，十分讲究。如明代的紫檀藤面罗汉床，长217厘米，宽118厘米，高96厘米，现藏北京市龙顺成中式家具厂。此床为三屏式，靠背及扶手采用攒框做法，中间嵌装南洋石，座面装藤心，下有束腰，四腿为鼓腿彭牙式做法，腿部自束腰向外鼓出，至足底端又向内收，兜转有力，形成内翻马蹄，为明式家具中常见的风格。此床用材厚重，做工较为精湛。

明·紫檀藤面罗汉床

第四节

明式家具的榫卯结构

“榫卯或叫卯榫，是指两部分的连接处。榫，剡木入窍也，俗谓‘榫头’，亦作‘笋头’。卯眼是木器上安榫头的孔眼，或叫‘榫眼’。”[40]榫卯结构实际是中国古建筑和实木家具上连接部件的一种处理方法，其作用为有效地限制部件之间向各个方向扭动，固定性强，十分科学。榫卯结构的使用历史悠久，据研究，早在新石器时代，榫卯技术已经在河姆渡原始居民居住的木结构的房子中出现。如今在一些少数民族地区的建筑以及家具上，榫卯结构依然被广泛使用。比如大件的硬木家具搬运十分困难，充分运用榫卯，将硬木家具拆卸后运输，到了目的地再组合安装起来就非常方便了。榫卯结构最大的特点是“构件之间不用钉子，木胶黏合仅作为一种辅佐手段，完全凭借榫卯结构，工艺之精细，扣合之严密，仿佛天成”[41]，体现了“施法自然”的造物原则，真正做到阴阳相依、凹凸契合。现在具体介绍几种明式家具中常用的榫卯结构。

1. 格肩榫

格肩榫主要用于方材或圆材丁字型结合的家具上。比如柜类家具中间帐和柜腿、门扇边梃的结合部分，像杌凳、横帐、椅子、床围子、桌几、花牙子的横竖材相结合的部分等。

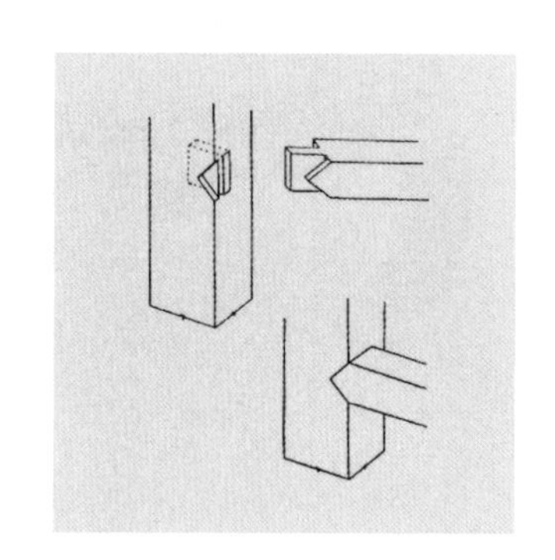

格肩榫

2. 大进小出榫

大进小出榫是指将一段直材的尽头切去一块留下一段小榫，再用另一段直材做卯。卯并没有做成透的，而是一边透，一边实。将榫插入卯时，除了小榫头会露出来之外，其余部分就藏于卯中了。

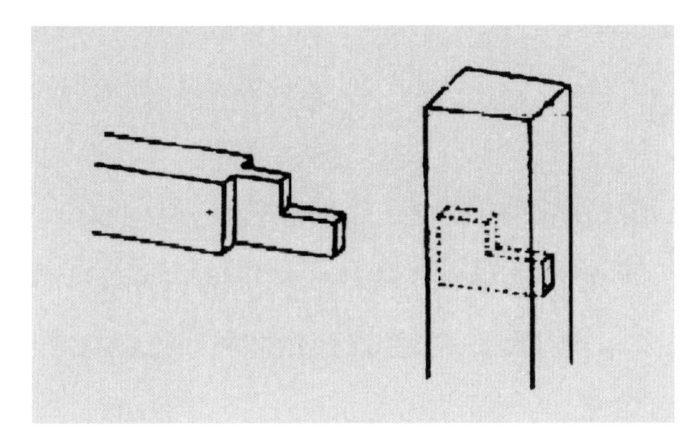

大进小出榫

3. 插肩榫

插肩榫主要用于家具四腿与案面相接的地方。其做法是在腿的上端做一个开口，嵌入牙条后将案面放置上即可。插肩榫的优点是如果在案面上放置的物品越重，四腿与案面之间的榫卯就会越加紧密，家具也就越发坚实牢固了。

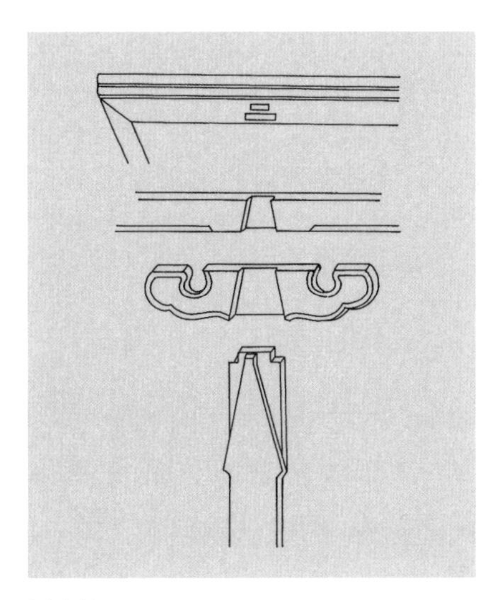

插肩榫

4. 挖烟袋锅榫

在明式家具中，挖烟袋锅榫多用于南官帽椅的扶手、靠背等部分的结合部位，多为直肩，由一阴一阳的榫卯拼合而成。制作方法

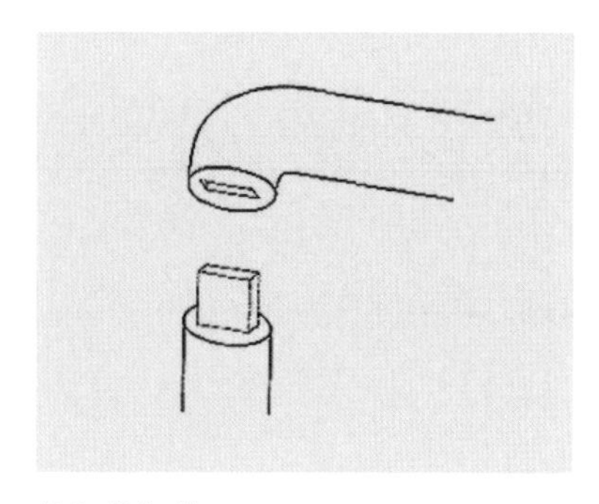
挖烟袋锅榫

为在腿上制作一个小榫，在搭脑上开一个眼，榫和眼贴合要十分准确，过大过小都不行。

5. 楔钉榫

楔钉榫多用于圆桌、几、圈椅等家具的扶手部分，主要连接弯形木材。此种榫卯合起来是圆柱形，分开是半圆柱形。两端契合的部分为阴阳榫头，互插后十分结实、稳固。之所以叫楔钉榫，是因为在两半圆柱形贴合的中部各开了一个小槽沟，两半圆柱形合拢后，两边的槽沟合成了一个眼，在眼中插入一个呈梯形状一头大一头小的方楔钉。这种榫卯使弧形器物上下左右不会错位，连接紧密。

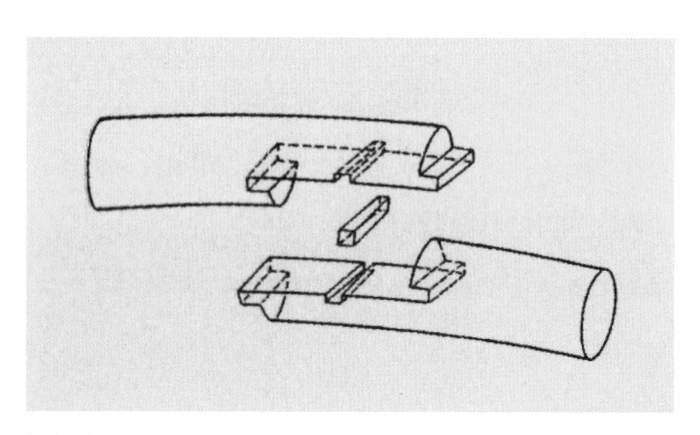
楔钉榫

6. 卡腰子榫

卡腰子榫制作相对简易，即在两端厚度相同的木材的相交地方，于上下部位各切一半，制成可以卡扣住的效果。相交部分的厚度与木材的厚度一样。

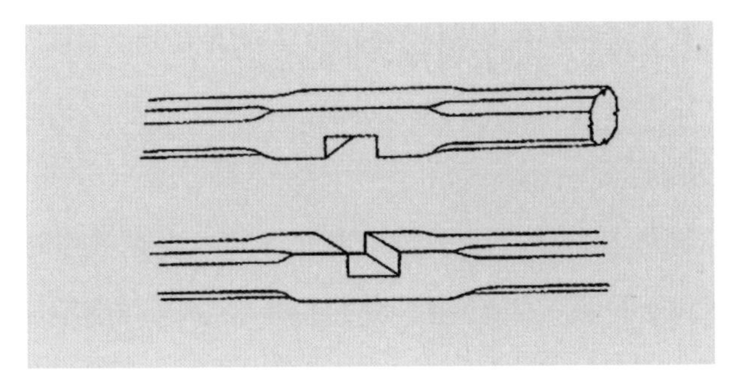

卡腰子榫

7. 夹头榫

夹头榫常用于条案类家具的制作中，主要连接条案的腿、压边和角牙。夹头榫使条案的四足将牙条牢牢夹住，形成一个一个方框，从而使四足平均地承担案面的重量。其做法为将与牙条相接的腿足一段中间开豁，形成前后榫头，再将牙板插入其中即可。

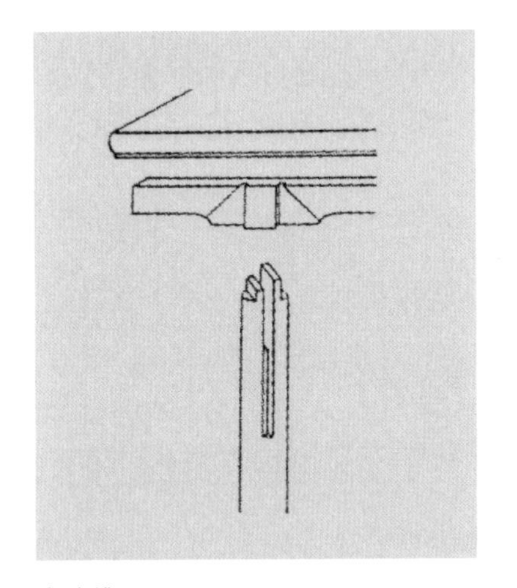

夹头榫

8. 抱肩榫

抱肩榫常使用在有腰家具的束腰处、牙条与腿足相连接的部位。以方桌为例，腿足在束腰的部位以下切出45° 的斜肩，同时凿出三角形的榫眼，以便牙条的45° 斜肩与三角形的榫舌相结合。斜肩上还需留

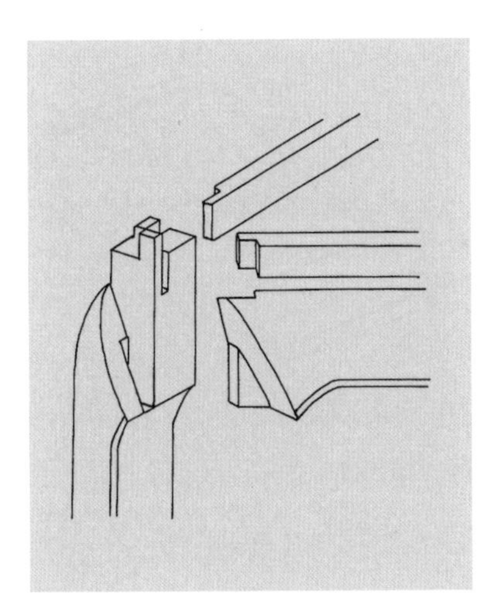

抱肩榫

出上小下大、断面为半个银锭形的挂销，与开在牙条背面的槽口挂套住。

9. 粽角榫

粽角榫因其外形与粽子角类似而得此名，也被称为“三碰肩”，多用于四面平的家具中。“它的特点是每个角都以三根方材格角结合在一起，使每个转角结合都形成六个45° 格角斜线。粽角榫在制作时三根料的榫卯比较集中，为了牢固，一方面开长短榫头，采用避榫制作，另一方面应考虑用料适当粗硕些，以免影响结构的强度。”

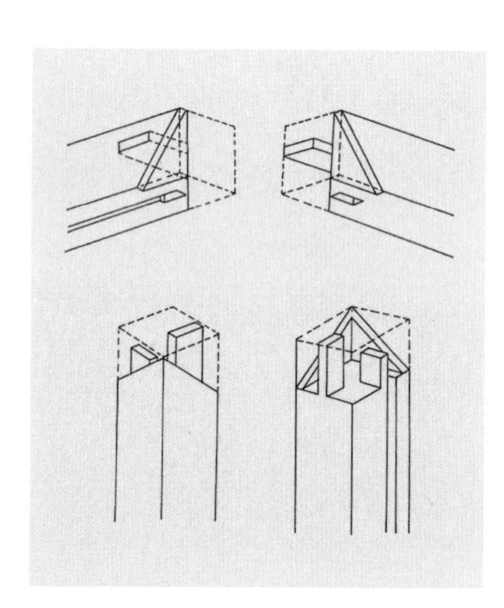

粽角榫

10. 攒边格角榫

攒边格角榫一般用于椅凳、床榻的四边木框上。木框有长短之分，长的一边一般制作榫头，短的一边一般制作榫眼，各边切成45° 格角斜线。攒边格角榫最大的好处就是直角和斜角两点共同受力，增加了坚固程度，使木框不容易变形[42]。

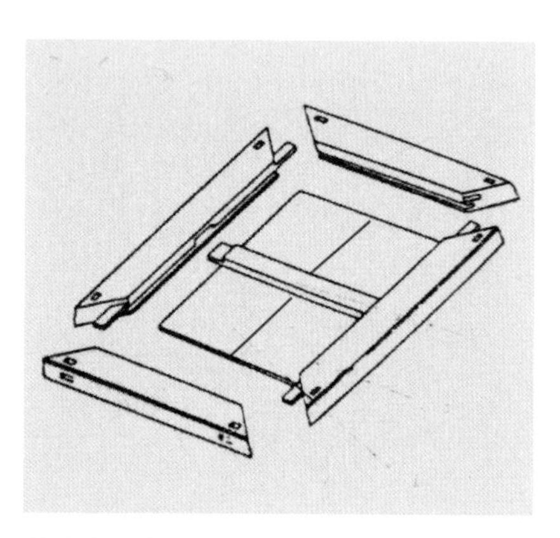

攒边格角榫

第五节

明式家具的纹饰

明式家具以简洁著称，具有造型独特、结构严谨、纹理优美、装饰适度的特点。明式家具在强调结构的合理性和线条优美的同时，透过巧施装饰以体现家具的文化内涵，所以明式家具上的装饰精致典雅，别具风格。明式家具的装饰常以装饰构件的形式出现，如牙子、券口、挡板、卡子花等，或者是在家具的主要部位进行小面积的装饰，充分表现出明式家具的含蓄性和书法式的抽象性，以及追求形神统一的艺术效果。明式家具小面积的精致纹饰与大片素面相映衬，使流畅、硬朗的线条增添了些许柔美，整体上体现出明式家具质朴大方的素雅品格和文人气质 。明式家具的纹饰主要有龙凤纹、云纹、缠枝纹、如意纹、牡丹花卉纹等。

一、龙凤纹

明式家具中的龙凤纹饰高雅端庄、生动巧妙，其风格的形成与明代的审美思想与理念有直接的关联。明式家具的简洁素朴很大程度是因为明代文人的参与和提倡，故在龙凤纹饰中也渗透出诗文绘画的审美观念和笔情墨趣，形成其纯朴、淡雅、朴素的风格。明式家具上的龙凤纹饰多采用雕刻的制作方法，以一个个精巧华美的结构部件，组成家具整体线条的连续性以及结构的完整性。特别是它打破整块大面积素面，做成局部的装饰，虚实相映，和谐统一，在支撑或加固家具的同时，增加了家具的空灵飘逸，又不失稳重高雅品味。

（一）龙纹

明式家具上的龙纹大体可分为写实和变体两种。写实龙纹常见于宫廷家具上，身体齐全，麟角分明；而变体龙纹在民间使用较多，没有具体的形象，更侧重于图案化。明式家具中的龙纹常用的是传说为水神的螭虎龙，又名蛟螭。螭虎龙全身没有鳞甲，其头和爪看起来像走兽，所以给人的感觉除了庄严威武外又有一丝清新活泼。龙纹的表现形态主要分为拐子龙和草龙。拐子龙的足与尾并不写实，而是高度图案化，在转角形成方形，有利于添补带直角的家具部件。草龙的尾及足成卷草状，以“三弯九转”“盘曲回旋”“腾跃潜伏”的运动姿势随意发挥，会产生意想不到的装饰效果。这些龙纹主要分布于牙头、牙条、牙板、券口、幽板、腿足、角牙、围子、束腰等处，体量较小，装饰精致，起到画龙点睛的作用。龙纹的装饰手法有透雕、浮雕、圆雕等。

明·黄花梨翘头案局部——草龙纹

（二）凤纹

明式家具上的凤纹也分为写实和变体两种，凤纹的形象比龙纹要活泼一些。写实凤纹就是我们常见的凤凰纹样，而变体凤纹则是将尾羽高度图案化。凤纹的表现形态可分为升凤、降凤、团凤等。组成的图案主要有象征喜庆的“百鸟朝凤纹”“云凤纹”，象征高贵的“凤穿牡丹”，象征美满的“丹凤呈祥”，象征天下太平“凤鸣朝阳”等。明式家具中的凤纹常出现于椅子的靠背板、画案的牙头、床的围板或挂楣等处。雕刻手法有浮雕、透雕等。

如图所示的明代黄花梨雕龙翘头案中的透雕凤纹，图案精美，雕工了得。凤纹雕刻精细，尾羽舒展飞扬，与繁花茂叶祥云一起充满了整个方形空间，在翘头案中起到了关键的装饰作用。其装饰分量和尺度把握得恰如其分，使翘头案并不过度烦琐，而是呈现华美却不失素朴的感觉，体现了明式家具素朴清雅的装饰风格。

明·黄花梨石心画桌局部——雕凤纹

明·黄花梨雕龙翘头案局部——透雕凤纹（一）

明·黄花梨雕龙翘头案局部——透雕凤纹（二）

二、云纹

云纹源于云气，是中国文化符号旋涡纹饰的代表之一，体现出一种喜庆、乐观、吉祥的愿望和对生命的美好希冀，具有鲜明的民族风格，符合中国传统的审美习惯。云纹在中国纹饰发展史上扮演着十分重要的角色[43]，其使用广泛，在明式桌、椅、凳类家具上经常可以见到。明式椅凳类家具上的云纹以正面角度为多，且多以抽象的形式来表现整体的云朵或者是云头，在纹样表现形式上采用浅浮雕、透雕，装饰在卡子花、牙板或腿足等部位[44]。明式桌类家具上的云纹，云头刻画较为突出，整体造型主要采用卷曲线的立体造型，表现出云纹宽、扁的形态特征，具有多变的视觉感受[45]。

明·黄花梨平头案局部——云纹

三、缠枝纹

缠枝纹为古代纹样样式之一，又有“穿枝纹”“串枝纹”“卷草纹”“蔓藤纹”之称。缠枝纹以花草的茎叶、花朵、果实为主体，或以涡旋形，或以“S”形，或以波浪形，构成风格清新的纹样。除了中国，缠枝纹在其他国家也很常用，如埃及、希腊、罗马等国家以棕榈、忍冬、莨苕为缠枝纹样，而波斯、印度则以葡萄、郁金香为缠枝纹饰。中国的缠枝纹是在云纹的基础上融合外来纹样组合而成，最早为缠枝忍冬和缠枝莲花。唐代以后，花卉的写实程度大大提高，缠枝纹从种类到形态日臻成熟。牡丹、萱草、菊花等深受人们喜爱的花卉也演变成缠枝纹的纹样。至宋、元时期，缠枝

纹逐步发展，各有特色。到明代，缠枝纹的民族风格日益突出。

缠枝纹可以单独装饰，也可以连续使用。连续的花卉纹样以曲线或正或反有秩序地相切、延伸，随意地翻转仰合、动静背向，巧妙多姿，栩栩如生，有一种“运动”与“生长”的趋向。缠枝纹形态优美，婉转流畅，变化万千，其形式审美领域宽广，艺术生命力强，具有很高的文化价值[46]。

明·黄花梨高束腰雕花炕桌局部——花卉纹

四、如意纹

如意在中国有吉祥如意的含义。如意原为佛教八宝之一，为僧人记录经文的佛具，亦可用于陈设，其作用、造型多赋予“可如人意”“回头即如意”“君子比德如玉”等寓意。根据如意的美好寓意所创造的如意纹，为中国传统吉祥图案之一。它与“瓶”“戟”“磬”“牡丹”等纹饰的组合形成了“平安如意”“吉庆如意”“富贵如意”的好彩头。如两个柿子或狮子与如意组合代表“事事如意”，蝙蝠、寿字与如意组合代表“福寿如意”，如意穿过两个喜字叫作“双喜如意”，童子或仕女手持如意骑象叫作“吉祥如意”[47]。以如意为基础，之后又衍生出心形、灵芝形和祥云形的如意纹样，在明式家具中，特别是在桌类家具上应用广泛。其主要特点为如意头刻画得比较突出，对称明显，整体采用旋涡曲线的立体造型，表现如意头扁方形的形态特征，视觉效果比较稳定[48]。

明・黄花梨圈椅局部——如意纹

五、牡丹花卉纹

古人有“唯有牡丹真国色，花开时节动京城”的赞语。牡丹花大盈尺，富丽堂皇，颜色丰富，香味浓郁，有雍容华贵、繁荣昌盛之比喻。牡丹被视为花中之王，有“天香国色”之称，其富贵形象又被喻为是“十二客”中的“富客”。将牡丹作为家具的装饰，既美化了家具，又提升了家具的档次、品位和地位。牡丹纹最早见于北魏，至隋唐五代时期开始用于染织、陶瓷、铜镜等，表达出当时的太平景象。明式家具上的牡丹纹饰可以单独使用，也可以与其他花卉相配，组成了多种多样的美丽花纹。牡丹纹样主要有折枝牡丹和缠枝牡丹两种类型。“折枝牡丹常在

柜门或背板上雕刻或彩绘，如清初紫檀扇面形官帽椅靠背浮雕的牡丹花纹。缠枝牡丹常用来装饰边框，装饰手法多用螺钿或金漆彩绘”[49]。

清初·紫檀牡丹纹四出官帽椅局部——牡丹纹

第六节

明式家具的特点

“中国家具此一伟大艺术……依现代美学观点，它们极致的艺术性、手工、设计、造型……至今仍深深震撼着人心。”这句对于明式家具的经典评价常常被转载，尤其是“震撼着人心”的表述，更加充分地体现出明式家具在古典家具史上独特的、极为重要的作用。

明式家具以江南地区为发源地和传播中心，其精湛的技艺、优美的造型、蕴含的审美等，将中国古典家具推向了历史高峰。同时，明式家具作为文人日常所用之物，在实用的功能下，更多地体现出中国传统文人的精神追求。古人遵循“丹漆不文，白玉不雕，宝珠不饰，何也？质有余者，不受饰也，至质至美”的艺术传统。至纯至美是古代艺术的极致追求，明式家具也继承和发扬了这一文化传统，强调材质的天然之美以及造型的简明生动、不事雕饰。这种旨趣和品质，正符合江南文人“醇古风雅”的生活情怀和追求理念。

南京博物馆珍藏着一件制作于万历年间、由苏州雷氏家族捐赠的老黄花梨书桌。其中一腿足上刻有“材美而坚，工朴而妍，假尔为冯（凭），逸我百年”的诗句。“材美而坚、工朴而妍”恰如其分地概括了明式家具的特色。然而，明式家具并不能定位为极简主义。明式家具的清雅之气虽然先声夺人，但其制作工艺之高，绝不输材质之美；其对细节的精雕细琢，绝不输造型的古雅脱俗。

一、皇家与民间相得益彰

明式家具较多地继承了宋代家具的特色，在前代文化艺术成就的基础上加以升华，创造出专属于明代的家具艺术形式。按照家具使用主体的不同，明式家具可整体划分为宫廷家具、民俗家具两大类[50]。

明式民俗家具是指在明代中期到清代前期，没有用珍贵硬木，而是就地取材，用榆树、槐树、柏树、胡桃树等一般硬杂木制作而成，适用于一般社会阶层的家具。民俗家具是民间生活中不可或缺的日常用具，以满足人们最基本的生活需要为目的，与广大民众的生产、生活息息相关，从侧面反映出真实的民间文化。民间居所的空间一般都相对低矮、狭小些，所以放置的家具应与居所相适应，不能过大、过多，尺度应适中。除了一般居所外，在街坊、商铺、祠堂等处也会放置一些民俗家具。制作民俗家具的工匠可以自由发挥，没有森严的约束和特别的等级限制，故造就了民俗家具形态多样、规格多变的特点。在用材方面，民俗家具大材大用，小材小用，可以搭配不同的材质使用，也可以用下脚料拼接而成。民俗家具上的辅助材料，如大漆、桐油、颜料等，也都是就地取材，量才使用。受经济条件制约，民俗家具特别注重其功能性，也就是讲究实用性，因此民俗家具的制作工艺简单，造型简洁质朴，以局部装饰为主。装饰方式有髹漆、雕刻、彩绘等，装饰图案来源于自然界的动植物或几何图案，表达吉祥如意、富贵平安的寓意。

明代永乐、宣德年间，宫廷家具进入辉煌时期。隆庆、万历时期，因为优质硬木数量的限制，硬木家具数量减少，显得尤为珍贵，遂被皇宫贵族垄断。苏州、扬州、宁波、福州等地的手工技艺发展繁荣，其中家具制造技艺已达到一定高度。明式宫廷家具多在苏州等地制成，再沿着运河运到北京通州。宫廷家具依托于民俗家具而产生，在造型、结构和使用方式上有许多共同之处。宫廷家具与民俗家具的区别之一是使用材质的不同。宫廷家具使用的是高档木材，而民俗家具多由一般硬杂木制成。另一方面，宫廷家具的工艺相较于民俗家具来说要精细考究得多，造型雄浑、用料粗壮、装饰精致、配料高端、处理细腻、种类齐全，具有规范化、系统化的皇家气派，是观赏性、艺术性与实用性完美结合的优秀作品。

二、出水芙蓉、大气至简的审美风格

宗白华先生认为，明式家具的美是一种芙蓉出水的美，它是一种更高层次的美[51]。而早在先秦时代，孔子就提出了“绘事后素”的思想。“子夏问曰：‘巧笑倩兮，美目盼兮，素以为绚兮，何谓也？’子曰：‘绘事后素。’曰：‘礼后乎？’子曰：‘起予者商也！始可与言诗已矣。’”这一简短的对话包含了丰富而深刻的思想内容。孔子肯定了“巧笑倩兮，美目盼兮”之素美，认为绘饰之事虽然华丽绚烂，但却是外在的、人为的、添加的，自然的、本来的美才是真正的美。明式家具体现的便是这样一种美。明式家具多采用黄花梨、紫檀木等纹理清晰自然的硬木。用这些高档硬木制成的家具坚固耐用，纹理美观自然。明式家具的制作讲究遵循木材的自然纹理，“凡事物之理，简斯可继，繁则难久，顺其性者必坚，戕其体者易坏”[52]。故明式家具一般不上漆，只采用烫蜡工艺，以保持和展示这些优质木材的天然纹理之美，又使木质圆润光亮。

明式家具的简约精练、大气至简是后人津津乐道的重要特色之

一。明式家具造型圆润流畅，好似一气呵成，充分发挥线条的艺术魅力。明式家具线条曲直方圆搭配有致，王世襄先生在其有关明式家具研究的著作中汇编的冠以“线”的名词术语就有10多条，如边线、灯草线、瓜棱线、脊线等。在扶手椅、圈椅、桌、案、几等家具造型中，不论是整体的形态，还是搭脑、扶手、牙子等小构件，皆是曲直搭配，方圆交错，变化与统一和谐一体。明式家具不追求繁缛的装饰，而是讲究细小部位的精致完美。雕镂镶嵌是明式家具装饰中常用的手法，但在一件家具上通常也就一两处，比例很小。《长物志》曰：“略雕云头、如意之类，不可雕龙凤花草诸俗式。”[53]可见明式家具的装饰十分讲究，特别忌“俗”。

三、源于生活、科学合理的构造

明式家具中常见的马蹄足、龟足、象形腿、蜻蜓腿、鹅脖、鳝鱼头等名称，皆来源于生活与自然。工匠们受到这些动物形象的启发而创作出与自然高度结合的艺术品。明式家具作为一种实用性强的艺术品，将实用与艺术巧妙结合，例如圈椅依据了人体工程学的原理，在椅背的正中央放置的是一块长方形的独板，并不是全封闭结构，使椅背与脊椎生理弯曲相一致，坐上去非常舒适。再如给人强健有力之感的马蹄足底有外翻与内翻两种，如何选择，依据的标准是足与腿的配合，一般曲腿采用外翻，直的或者小弧形的腿则采用内翻。外翻与内翻形象地将不同形态下的马足描绘出来，一方面符合力学原理，另一方面也表现出明式家具主动与自然生物形态的呼应[54]。

明式家具结构衔接处还大量使用“攒边”的方式。“攒边”即把面板装在用格角榫攒起来的边框中，可以科学地解决家具中央面板的胀缩问题，同时保持家具纹理和色泽的整体效果。明式家具中的榫卯结构科学合理，特别是格角榫，是明代匠师们的独特创造，不仅使家具框架体牢固接合，又使纵横构件的纹理衔接流畅，接近天然，体现了“宜简不宜繁，宜自然不宜雕斫”的人文情怀。

注　释

[1] 赵国威：《对明式家具文化意蕴的几点思考》，《艺术科技》，2013年第5期。

[2] 濮国安：《明式家具辩证》，《东南文化》，2000年第6期。

[3] 王斌辉、叶德辉：《浅谈中国传统座椅的现代设计之路》，《江南大学学报（人文社会科学版）》，2004年第2期。

[4] 高丰：《木头构创的诗篇——明式家具的艺术与文化》，《东南文化》，2000年第2期。

[5] 高丰：《木头构创的诗篇——明式家具的艺术与文化》，《东南文化》，2000年第2期。

[6] 李金明：《论明初的海禁与朝贡贸易》，《福建论坛（人文社会科学版）》，2006年第7期。

[7] 胡德生口述、王戈整理：《故宫收藏的明代漆器家具》，《紫禁城》，2007年第7期。

[8] 《北京文物精粹大系》编委会、北京市文物局：《北京文物精粹大系·家具卷》，北京出版社2003年版。

[9] 《北京文物精粹大系》编委会、北京市文物局：《北京文物精粹大系·家具卷》，北京出版社2003年版。

[10] 胡德生：《明清宫廷家具二十四讲（上）》，紫禁城出版社2010年版。

[11] 杨乃济：《谈恭王府》，《故宫博物院院刊》，1980年第4期。

[12] 傅丹、章晨：《明清家具与洛可可家具风格比较》，《景德镇陶瓷》，2010年第2期（总第128期）。

[13] 周默：《明清家具的材质研究之二黄花梨》，《收藏家》，2005年第11期。

[14] 周默：《明清家具的材质研究之黄花梨》，《收藏家》，2005年第9期。

[15] 周默：《中国古典家具材质研究之四格木》，《收藏家》，2007年第5期。

[16] 周默：《中国古典家具材质研究之五榉木》，《收藏家》，2008年第10期。

[17] “抹头”“大边”为明清家具的部件名称。凡用攒边的方法做成的方框，如桌面、凳面、床面等，两根长而出榫的叫“大边”，两根凿有榫眼的叫“抹头”。如四根一般长，则以出榫的叫“大边”，凿眼的叫“抹头”。大边和抹头可以合起来简称“边抹”。

[18] 王世襄：《谈几种明代家具的形成》，《收藏家》，2006年第4期。

[19] 郭公砖为古砖名，空心，以长而大者为贵，又名“空心砖”。有一种琴台用河南郑州出产的郭公砖作为台面，此琴台最适合弹奏古琴，砖心中空形成共鸣腔，琴声清泠动听。

[20] 托泥为明清家具的部件名称，是传统家具上承接腿足的部件。明清家具中有的腿足不直接着地，另有横木或木框在下承托，此木框即称为“托泥”。

[21] 《北京文物精粹大系》编委会、北京市文物局：《北京文物精粹大系·家具卷》，北京出版社2003年版。

[22] 《北京文物精粹大系》编委会、北京市文物局：《北京文物精粹大系·家具卷》，北京出版社2003年版。

[23] 《北京文物精粹大系》编委会、北京市文物局：《北京文物精粹大系·家具卷》，北京出版社2003年版。

[24] 胡德生：《古代的椅和凳》，《故宫博物院院刊》，1996年第3期。

[25] 《北京文物精粹大系》编委会、北京市文物局：《北京文物精粹大系·家具卷》，北京出版社2003年版。

[26] 胡德生：《明清家具鉴赏·壹》，印刷工业出版社2011年版。

[27] 《北京文物精粹大系》编委会、北京市文物局：《北京文物精粹大系·家具卷》，北京出版社2003年版。

[28] 《北京文物精粹大系》编委会、北京市文物局：《北京文物精粹大系·家具卷》，北京出版社2003年版。

[29] 《北京文物精粹大系》编委会、北京市文物局：《北京文物精粹大系·家具卷》，北京出版社2003年版。

[30] 胡德生：《明清宫廷家具二十四讲（下）》，紫禁城出版社2010年版。

[31] 高艳：《柜架类家具》，《收藏家》，2001年第6期。

[32] 《北京文物精粹大系》编委会、北京市文物局：《北京文物精粹大

系·家具卷》，北京出版社2003年版。
[33] 《北京文物精粹大系》编委会、北京市文物局：《北京文物精粹大系·家具卷》，北京出版社2003年版。
[34] 盝顶是中国古代汉族传统建筑的一种屋顶样式，顶部有四个正脊围成为平顶，下接庑殿顶。盝顶梁结构多用四柱，加上枋子抹角或扒梁，形成四角或八角形屋面。顶部是平顶的屋顶四周加上一圈外檐。盝顶在金、元时期比较常用，元大都中很多房屋都为盝顶，明清两代也有很多盝顶建筑。例如明代故宫的钦安殿、清代瀛台的翔鸾阁就是盝顶。
[35] 竹笥为盛饭或盛衣服的方形竹器。
[36] （明）文震亨：《长物志》，中华书局2012年版。
[37] 杨耀：《明式家具研究》，中国建筑工业出版社2002年版。
[38] 箦是用竹片编制的床垫。
[39] 簟是用竹编制的篾垫。
[40] 陈耀东：《〈鲁班经匠家镜〉研究：叩开鲁班的大门》，中国建筑工业出版社2010年版。
[41] 黄薇、张露芳、吴明：《明式家具中的榫卯结构》，《包装工程》，2002年第3期。
[42] 纪炜：《明式家具榫卯结构》，《华夏地理》，2007年第5期。
[43] 李钢：《浅析中国传统吉祥纹样“云纹”之历史脉络》，《科学之友》，2010年第7期。
[44] 张宗元：《明清椅凳类家具装饰纹样研究》，硕士论文，2013年5月。
[45] 王国栋：《明式桌类家具装饰纹样形态研究》，硕士论文，2012年5月。
[46] 段西慧：《缠枝纹装饰风格探析》，硕士论文，2007年5月。
[47] 刘晓立：《浅谈中国传统吉祥纹样中的如意纹》，《包装世界》，2011年第3期。
[48] 王国栋：《明式桌类家具装饰纹样形态研究》，硕士论文，2012年5月。
[49] 严欣、行淑敏、蒲亚锋：《中国传统家具植物纹样研究》，《西北林学院学报》，2004年第3期。
[50] 行焱：《民俗家具与宫廷家具文化的比较研究》，《家具与室内装饰》，2013年第6期。
[51] 刘蕴忠、刘克功：《浅析宗白华美学思想中的“错彩镂金”与“芙蓉出水”》，《时代文学》，2010年6期。

[52] （明）李渔：《闲情偶寄》，中华书局2014年版。
[53] （明）文震亨：《长物志》，中华书局2012年版。
[54] 曾婷婷：《浅析明式家具的艺术风格》，《艺苑》，2010年第1期。

第四章

繁工材厚 蔚为大观
——清式家具

第一节 清代家具与清式家具
第二节 清式家具的种类
第三节 清式家具的纹饰
第四节 清式家具的装饰工艺
第五节 清式家具的流派
第六节 清式宫廷家具的特点

明代将中国古典家具的发展推向了高峰，而清代则成就了其最后的辉煌。清初至康熙时期，家具风格一直延续明式家具的风格，在简约质朴中显露天然的木质及工艺的高超。至清中期，清代独特的家具风格日渐形成，呈现出与前朝不同的特点。这一时期的家具由于其特定时代背景的不同，产生了诸多以地域划分的家具流派，如苏作、广作、京作、晋作等。它们分别以不同的结体手法和审美追求发展了各自流派，竞相斗艳。清代中后期，建筑与家具配套的观念日趋程式化，成为制约古典家具艺术保持鲜活生命力与创造力的藩篱[1]。清末，经济衰退，战乱纷争，国力日损，反映到家具工艺上也同样跟随衰退了。

第一节 清代家具与清式家具

一、清代家具

与明代家具和明式家具一样，清代家具与清式家具也有所区分。清代家具是一个时间概念，主要指制作于清代的家具，无论是何种流派、质地、风格的家具，只要制作时间符合，均可属于清代家具之列。当然，清代家具也包含了制作于清代前期的明式家具。

清代家具的发展大致可分为三个阶段。第一阶段是清代前期至康熙初期。这一阶段家具的制作技艺仍然延续明代的工艺与风格，无论是家具的造型还是装饰，均与明式家具一脉相承。而清代前期家具本身的特色不甚明显，故没有留下多少传世之作。但这一时期紫檀木的存量还算丰富，所以大部分的宫廷家具主要由紫檀木制造。第二阶段是从康熙末年至嘉庆时期，其中历经雍正、乾隆两朝。这一阶段是清代政治、经济的稳定发展期，在家具的制造方面，不仅生产数量多，而且逐渐形成了清代独特的家具风格，变得浑厚、庄重、繁复、奢华。其突出表现为用料宽绰，尺寸加大，体态丰硕，装饰华丽，雕刻繁复等。这些突出特点造就了清式家具的产生与辉煌。第三阶段是从道光年间至清末。从道光至宣统，社会经济每况愈下，内忧外患的背景下，家具的材质不再追求高端、稀有，做工也不再苛求精细华丽，堆砌的装饰变得粗糙不堪。

清·黄花梨包镶亮格柜

二、清式家具

与清代家具不同，清式家具是一个类型的概念。它是指自康熙末年至嘉庆初期，具有料大、工精、饰美等特色，代表了清代家具

的辉煌与鼎盛。现存清式家具的经典之作大多制作于清宫内务府造办处，具有“尺寸较大、用料宽绰、敦厚凝重、端庄华丽、精致繁缛等特点，对后世家具有着深远的影响”[2]。尤其在精工细作、精雕细琢的装饰工艺上追求极致，已然成为清式家具最为显著的特点。

以乾隆时期的家具为例。这一时期的清式宫廷家具有两个明显的特征。一是不惜工本、工艺精良。乾隆时期的家具品种繁多，式样复杂，技艺高超，是清式家具的繁盛时期。二是装饰华丽、雕刻繁缛。乾隆时期的宫廷家具经常与金、银、宝石、象牙、珊瑚、珐琅等不同质地的装饰材料结合使用，追求富丽堂皇之感。举以下两例。

1. 清代紫檀雕花卉纹顶箱大柜

清代紫檀雕花卉纹顶箱大柜长160厘米，宽82厘米，高317厘

清・紫檀雕花卉纹顶箱大柜

米，现藏北京市文物局。此柜由顶箱和立柜两部分组成，顶柜和立柜均设对开门，两门之间有立栓，中间装黄铜面叶和锁头吊牌。圆形合页与柜体相连。立柜门下装有柜肚，内设闷仓。前面和两侧的底帐下装牙条。四腿直下，四足均装在黄铜套内。

2. 清代红木双门双屉多宝格

清代红木双门双屉多宝格长94厘米，宽36厘米，高194厘米，现藏北京艺术博物馆。上部为五孔多宝格，每个格的四周均有雕刻云纹牙条，内侧三孔多宝格横向排列，外侧两孔多宝格竖向排列。下部外侧为双开门，内侧为上下排列的两个抽屉，抽屉面上饰云纹。双开门上部各雕有一条升龙，下部为龙纹和海水江崖纹，最下边的牙板上满雕云纹。

清・红木双门双屉多宝格

第二节

清式家具的种类

清式家具的种类多继承明式家具，从桌、案、几到椅、凳，从屏风到柜、橱、箱、架格，从床榻再到硬木小件等，变化并不是很大，主要在具体做法与装饰效果上有很大创新。

一、桌、案、几

清代桌、案、几的种类与明代相似，应用广泛。当然，不同朝代的审美与喜好各有不同，故一些品种依然流行，一些品种可能悄然退出舞台，还有一些新品种被衍生或组合出来。如架几案成为清代最常见的品种，它由两个大方几和一个大长案组成，方几为几座，长案为面。把两个方几依据一定距离标准安放好，再把案面平架起来，放置到方几上，由此组成了架几案。架几案一般形体都较大，多放置在大堂中，用于摆放大件的陈设品。清代中期出现了一种合拼起来呈六角形的桌子，俗称“梯形桌”，这种桌子的使用方

清・红木嵌螺钿架几案

式与半圆桌一样，通常在寝室中使用。清末，方桌、霸王枨方桌、罗锅枨方桌三种形式的桌子日渐减少，出现更多的是透雕各种吉祥图案、注重装饰效果的花牙条几。

清·紫檀透雕西番莲纹梯形桌

炕桌、炕案是在床榻上或席地上使用的矮型家具。清军入关前以渔猎游牧为生，习惯席地而坐。入关之后，仍然在一定程度上保持使用炕桌、炕案的习惯。因此，在清式家具中，矮型家具依然占有相当比重。清代时，人们习惯将各式小条桌、小条案统称为“琴

清·黄花梨云头牙板炕桌

桌”。这与明代所说的琴桌有所不同。这种被称为“琴桌”的小条桌、小条案可以放置琴，但更多是用于陈设，以示清雅之意 。清式扶手椅大多有束腰，因此清式茶几也有束腰。清代晚期出现的新的家具品种花架，又被称为“花几”，是专门用于陈设花卉盆景的几类家具，多设在厅堂各角或条案两侧。

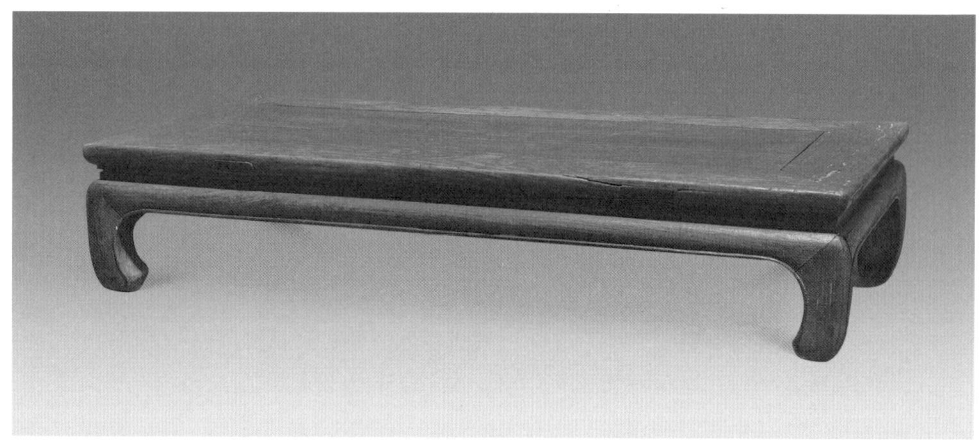

清・黄花梨炕桌

清・红木雕龙纹炕桌

清・花梨木透雕卷草纹炕桌

清・红木六足灵芝纹圆桌

清・红木冰凌纹半圆桌

清・红木狮纹半圆桌、圆凳

清·红木拐子纹条桌

清·紫檀嵌沉香木案

清·红木打洼三弯腿花台

清·红木嵌螺钿方几

清·红木雕松鼠葡萄纹花几

清·黄花梨茶几

二、椅、凳

清式椅凳的形式延续明代，形式很多，名称也很多，当然也会有一些差别。

（一）官帽椅

清式官帽椅和明式官帽椅相比存在明显区别。清式官帽椅不是后背立柱与两条后腿一木连做，而是将靠背和座面分开，在靠背和扶手部分采用五屏或者七屏的形式，在下面将走马销与座面相连。乾隆时期以前的官帽椅，其背倾角较小，四腿带有少量侧角收分，后背搭脑是由一块很大的木料制成。因为后背主要由扶手支撑，故官帽椅又属于扶手椅类。清代后期，政治经济衰退，民族手工业趋于衰落，珍贵木材短缺，家具制作技艺大不如前。清代后期的椅子就不再做有背倾角，而是直接做成90° 直角，且没有侧角收分。举以下五例。

1. 清代核桃木官帽椅

清代的核桃木官帽椅长57厘米，宽45厘米，高94厘米，现藏北京市龙顺成中式家具厂。此官帽椅搭脑中部高起，略呈中部高两边低的凸字形。扶手为曲线式，联帮棍上细下粗，有收分变化。靠背板分三段攒做，上部雕出圆形螭纹，中部用落堂踩鼓作，下部为亮脚。座面为硬屉，座面下有三券口，足部安有步步高踏脚枨。

清・核桃木官帽椅

2. 清代紫檀云龙纹扶手椅

清代紫檀云龙纹扶手椅长69厘米，宽51.5厘米，座高50厘米，通高98厘米。此椅为五屏式，左右扶手各一屏。椅背和扶手攒框制作，椅背采用拐子纹装饰边框。扶手和椅背内嵌紫檀板，满雕云龙纹。椅面为藤面，下有束腰，束腰上书寿字。牙条满雕云雷纹，牙板镂雕二龙戏珠纹，椅腿和牙条相交处雕云雷纹并与牙条纹融为一

清·紫檀云龙纹扶手椅

体。三弯腿上装四根罗锅踏脚枨。四足外翻，浮雕卷云纹。

3. 清代漆五屏式山水纹扶手椅

清代漆五屏式山水纹扶手椅长62厘米，宽47厘米，座高51.5厘米，通高97.7厘米。靠背与扶手共五屏连成一体，形如围屏。靠背中间高，依次递减至扶手最低。有束腰，直腿，马蹄足。椅子做工极

清·漆五屏式山水纹扶手椅

精，全身皆以黑漆描金装饰，靠背及扶手内侧绘山水纹，外壁绘描金花鸟纹。

4. 清代红木拐子龙纹扶手椅

清代红木拐子龙纹扶手椅长56厘米，宽47厘米，座高50.5厘米，通高99厘米。扶手椅上部攒接书卷头搭脑，靠背板正面浮雕升龙纹，扶手和椅背以拐子攒接，拐子头部均雕龙首。硬板座面，下有束腰。前腿和牙子相接附近挖缺做出云纹。直腿，方回纹马蹄足。踏脚枨在同一水平线上，前后枨下安素牙条。

清・红木拐子龙纹扶手椅

5. 清代红木狮纹靠背扶手椅

清代红木狮纹靠背扶手椅长62厘米，宽48厘米，座高51.5厘米，通高97.5厘米。搭脑为弓背形与椅立柱相交。背板透雕，上部为一篆书团寿字，中部及下部雕太狮、少狮，周围雕竹纹和梅花纹。扶手用整木制作成框，框中透雕荷花纹。鹅脖呈曲线以增动感。椅面为大理石，有束腰，牙子雕云纹，直腿间装四根踏脚枨，后面稍细。

清·红木狮纹靠背扶手椅

（二）靠背椅

清式椅具的后背与座面常常不是一木做成，所以靠背椅比较少见，因为靠背椅没有扶手。靠背椅的形体与官帽椅相比略小些，椅背上的横梁两头与官帽椅的形式有些类似，而搭脑两头有做成软圆角的，也有做成出头的。做成出头样式的靠背椅两头微微向上翘起，就像挑灯的灯杆，所以又被称为“灯挂椅”。这种椅子的特点是轻巧灵活、使用方便。到清末民初时出现了一种中西合璧式的靠背椅，即在靠背的两边框前另安座角牙子，其目的是为了加固椅背。但却因拉力不足，如果过度使用，后靠力度增大，很容易使角牙及背下榫销折断。

清・红木漆描金万福团花靠背椅

清・紫檀靠背椅

（三）圈椅

清式圈椅的形制沿用明代，主要在装饰工艺上形成典型的清式风格，注重雕刻等效果。如清代红木蝠磬纹靠背圈椅。此椅长61厘米，宽51厘米，座高52厘米，现藏北京市文物局。椅圈五接，靠背上雕蝙蝠、磬、丝穗纹，有“岁岁福庆”之意。椅面以上为圆材，以下外圆里方，装饰两灵芝纹卡子花。前、侧、后三面踏脚枨为步步高形。

清·红木蝠磬纹靠背圈椅

（四）玫瑰椅

玫瑰椅的制作与使用主要流行于明末清初，到清中期仍有生产，但清后期制作的就比较少了。现存可见的清代玫瑰椅多数是清中期之前制作而成的。

清·黄花梨直棂玫瑰椅

清·黄花梨直棂六方玫瑰椅

（五）宝座

宝座是十分典型的清式家具，是一种形体较大的椅子。宝座的结构和造型与罗汉床十分相似，只是在形体上比罗汉床小些。宝座多放置在宫殿的正殿明间，供皇帝和后妃们专用。有的宝座还会放在配殿或者客厅的中心显著位置，一般单独摆放。如清代的一座紫檀五屏式宝座。此宝座长128厘米，宽80厘米，通高113.5厘米，现藏首都博物馆。宝座为五屏式，靠背搭脑中间镂雕蝙蝠悬磬纹，两侧对称并饰以香草龙纹，纹饰延伸至扶手，心板上浮雕山水纹，心板背面用阴线戗金，雕山水纹。座面攒框，面板五镶，背面有三根拖带与边框榫接。座面下有托腮，上饰蕉叶纹，托腮间为素面束腰。四足与牙板用料粗壮，回纹马蹄足，下承四个矮足托泥。

清·紫檀五屏式宝座

（六）绣墩

清代的绣墩，在造型上较明代绣墩略显瘦而秀气些，并且还衍生出梅花式、海棠式、六角式、八角式等多样类型。其材质除木质外，也有蒲草、竹藤、大漆、瓷等，会根据不同季节而使用不同材质。如冬季时多使用蒲草编制的绣墩，夏季时多使用竹藤编制的绣墩，木质的绣墩一年皆可用。墩上铺上软垫和精美的刺绣坐套，不仅使绣墩名副其实，更有利于家居的装饰与摆设[3]。举以下两例。

1. 清代紫檀四开光绣墩

清代紫檀四开光绣墩座面直径29厘米，腹径39厘米，高51.5厘米，现藏首都博物馆。座面圆形，面心板平镶，上墩圈四镶，底束腰。四足用整料挖缺做成弧形，上雕如意云纹，以抱肩榫和上下墩

清·紫檀四开光绣墩

圈及牙板相接。牙板外飘，看面雕兽面纹。上下牙板之间用弧形立枨连接，立枨中部镂雕蝙蝠纹。

2. 清代鸡翅木绣墩

清代鸡翅木绣墩直径38厘米，高53厘米，现藏北京市龙顺成中式家具厂。座面圆形，面下有一道弦纹，腹部五开光，铲底浮雕夔纹拐子花。此绣墩造型修长，刀法纯熟，雕刻细腻。

清・鸡翅木绣墩

三、屏风

屏风在历史上出现得很早，其功用一来可以分隔较大的空间或阻隔视线，二来还起到一定的装饰作用。“汉代的壁画和画像中都曾清楚地显示出在床和榻后经常会摆放屏风。这说明自古以来屏风就是上层社会常用的家具。”[4]有些家具曾盛行一时，但随着时间的推移，有可能逐渐衰落甚至绝迹。而屏风则恰恰相反，它不仅千年不衰，至清代更达到顶峰。清代统治者对于可以体现其皇室地位与威严的屏风十分看重，他们认为屏风装饰得越是华丽、繁复，越可以显示其身份、地位与审美情趣，所以清代屏风的装饰功能就逐渐重于其使用功能了[5]。

清代屏风形体雄大，多摆置在正殿或厅堂，与宝座组合，前座后屏，威严富贵。屏风多为“三山屏”或“五岳屏”，上有帽，下有座。清代屏风与明代屏风最大的区别是多采用插屏的结构。清代屏风的规格一般都比较大，多分成上下两部分制作，需要组合使用，同时搬送、运输也很麻烦，所以采用插屏的结构方式比较符合实际情况。其次，清代屏风常配以大理石、西洋玻璃等，比明代屏风多了些西洋的味道。举以下两例。

1. 清代紫檀嵌铜海水龙纹四扇折屏

清代紫檀嵌铜海水龙纹四扇折屏每扇屏宽40厘米，高162厘米，

清・紫檀嵌铜海水龙纹四扇折屏

现藏北京艺术博物馆。此折屏由四扇组成，素框边缘起线，框内镶嵌浮雕的海水江崖纹，铜质的鎏金升龙隐现其中。最下边的牙板上透雕龙纹，足端嵌于黄铜套内。

2. 清代红木仿竹折屏

清代红木仿竹折屏每扇屏宽39厘米，高152厘米。此折屏由四扇组成，每扇屏仿竹节形状。上部框内由长短枨攒接成冰凌纹，中部框内镶仿竹节式竖枨，下部框内装委角券口牙板，最下部两角处均装有仿竹节的角牙。

清・红木仿竹折屏

四、柜、橱、箱、架格

（一）柜、橱、箱

清式柜类家具在品种和造型上与明代相比变化不大，形体都较高，对开门，柜门中间有立栓，饰有铜饰，可以上锁，柜内被隔为数层，用于存放衣物、书籍等。清代玻璃出现后，有的柜门还用玻璃镶嵌，做工讲究，精美大方，既有实用价值又有欣赏价值。清代的橱和箱延续明代的形制与类别，只是装饰更为华丽，雕刻、镂空的面积增大。举以下五例。

1. 清代紫檀雕云纹顶箱柜

清代紫檀雕云纹顶箱柜长92.5厘米，宽37厘米，通高185厘米，现藏北京艺术博物馆。此箱由顶箱和立柜两部分组成，顶箱和立柜

清·紫檀雕云纹顶箱柜

均设对开门，前面和两侧的底枨下装牙条，柜门及牙板浮雕云龙纹，四腿直下，方足。

2. 清代金丝楠木顶箱柜

清代金丝楠木顶箱柜长183厘米，宽77厘米，高325厘米，现藏北京市龙顺成中式家具厂。此柜由顶箱和立柜两部分组成，顶箱和立柜均设对开门，四扇门雕有蛟龙出海图，层次丰满，铜饰雕花，做工考究。前面和两侧的底枨下装牙条，四腿直下，方足。

清·金丝楠木顶箱柜

3. 清代鸡翅木雕云龙纹顶箱柜

清代鸡翅木雕云龙纹顶箱柜长97厘米，宽43.2厘米，高204.7厘米，现藏首都博物馆。此柜由顶箱和立柜、抽屉三部分组成，顶箱和立柜均设对开门，门面镶鸡翅木独板面心，上雕五爪云龙纹及海水江崖纹。门用黄铜合页和柜体相连，中间装有黄铜面叶，锁头和吊牌上面錾刻龙纹。顶箱和立柜的两扇心板为落堂式。立柜下部平列两个抽屉，抽屉面板上雕云纹，正中各安黄铜拉手。正面底枨下设牙板，雕云纹，两侧和背面底枨下均设素面壸门形牙板。四腿直下，方足。

清・鸡翅木雕云龙纹顶箱柜

4. 清代红木雕八仙人物纹四件柜

清代红木雕八仙人物纹四件柜长94厘米，宽45厘米，高212.5厘米，现藏北京艺术博物馆。此柜由顶箱和立柜两部分组成，顶箱和立柜均设对开门，立柜门下装有膛板，内设闷仓。面板满雕八仙人物纹。前面和两侧的底枨下装牙条。四腿直下，方足。

清・红木雕八仙人物纹四件柜

5. 清代红木雕云龙纹箱

清代红木雕云龙纹箱长107.5厘米，宽62厘米，高48.5厘米，现藏北京艺术博物馆。此箱为平顶，上雕云龙纹，箱体两侧装铜提手，设有铜垫圈，以免提手放下时擦伤箱体。箱子正面雕刻二龙戏珠纹。

清·红木雕云龙纹箱

（二）架格

多宝格是架格中极为特别的一种，流行于清代。它不摆置图书，主要用来陈设珍玩古董，所以又称为“博古格”“什锦格”“百宝格”。多宝格为书房和厅堂常用的家具，其最大的特点就是用横板或竖板依据陈设物品的器形将格内巧妙地分割出一个个横竖不一、高低不齐、错落参差的独立储物空间，自由灵活，富于变化。而格板上又会透雕各种美丽的纹饰和图案，整体造型玲珑剔透，错落有致，使架格本身就具有美感和艺术性。因此，多宝格其本身既是实用品又是绝好的艺术品。举以下两例。

1. 清代红木雕云龙纹多宝格

清代红木雕云龙纹多宝格长93厘米，宽40厘米，高193.5厘米。上部为六孔多宝格，每个格的四周均有镂空牙条，上部四孔多宝格横向排列，下部两孔多宝格横向排列。中部横向排列的四个抽屉，抽屉面上饰云纹，面中装黄铜拉手。下部为两扇对开门，内装膛板。抽屉及门板上浮雕云龙纹。底部牙板雕刻回纹。

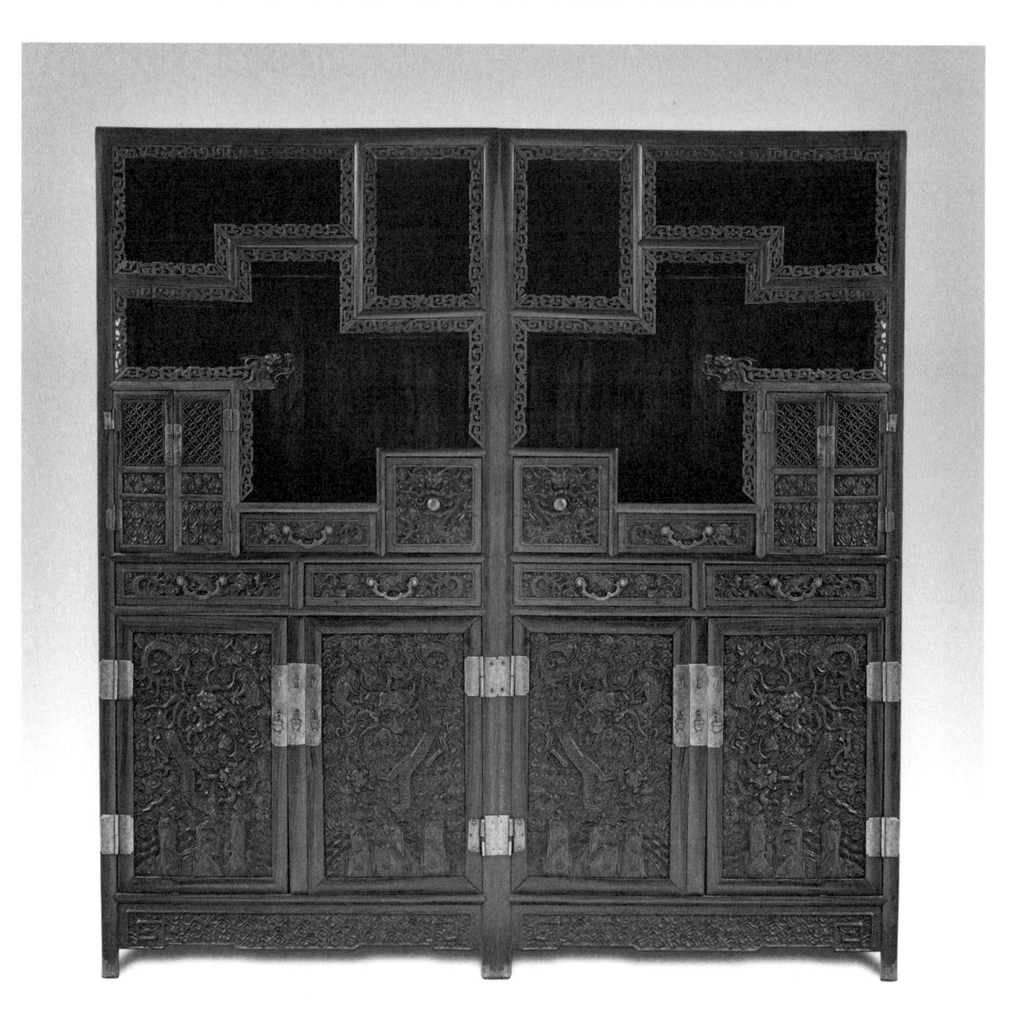

清・红木雕云龙纹多宝格

2. 清代紫檀包镶多宝格

清代紫檀包镶多宝格长96厘米，宽40.5厘米，高194.5厘米，现藏北京艺术博物馆。此多宝格分为三部分，上部为多宝格，中部抽屉，下部为两扇对开门。多宝格内板面黑漆髹饰，并在其上用金彩绘山水纹和花鸟纹。抽屉及对开门板面满雕人物故事纹。拉手及合页为珐琅制品，四腿直下，四足装于铜套内。

清·紫檀包镶多宝格

五、床榻

清代的床榻也大致可分架子床、拔步床、罗汉床三种类型。这时的床榻，其样式逐渐繁复考究，既有实用价值又有审美价值。举以下两例。

1. 清代红木嵌石五屏式罗汉床

清代红木嵌石五屏式罗汉床长204厘米，宽133厘米，高135厘米。床围栏为五屏式，中间高，依次跌落。围栏攒边做，镶装圆形及长方形大理石，大理石四维饰以镂空花纹。每屏间用扎榫相接，围栏与床身边抹又以扎榫拍合。无束腰，四腿与边抹直接榫接。抹边下与足间是镂雕的花牙，前面及两侧花牙饰以杂宝纹和拐子纹。足外翻，刻卷云纹。

清·红木嵌石五屏式罗汉床

2. 清代红木嵌螺钿三屏式榻

清代红木嵌螺钿三屏式榻长157厘米，宽56厘米，座面高48厘米，背高82厘米。床围栏看去好似七屏风式，是为攒框加枨间隔的三面围子。宽大的壶门牙板与床面和直腿相连，造型显得结实利落。榻上遍饰有螺钿镶嵌组成的花鸟禽兽纹。

清·红木嵌螺钿三屏式榻

六、硬木小件及其他

硬木小件为配合硬木家具而产生，种类繁多，工艺精湛，虽与大型家具不可比拟，但每一件都是上好的艺术品。

（一）梳妆台

梳妆台分为高低两类。低类梳妆与官皮箱类似，不大，可以摆放在桌上。使用时打开对门，摆好铜镜，有多个小抽屉可用。高类梳妆台有类似桌子的台面，台面上竖起镜架，镜架中装有玻璃镜，故又称为“镜台”。镜架旁设有数个小抽屉，可以存放化妆品、首

清·黄花梨镜台

清·黄花梨镜架

饰等。台前设有坐凳，供梳妆之人在镜前细细装扮。这种带玻璃镜的梳妆台在清代中期已经很流行。

（二）灯具

清代的灯具款式很多，而且有些是明代未有的。常见的有放于地上的立灯，置于桌案几架上的座灯，挂于楼堂庭院的挂灯，装在墙面上的壁灯，手持的把灯，引路的提灯等。

清・紫檀灯架

第三节 清式家具的纹饰

清式家具除了注重结构外，更加注重家具的装饰细节。从大量现存清式家具上可以看出，清式家具的纹饰明显要比明式家具丰富得多，究其原因，在于社会大环境的改变。清代人口激增，居住环境缩小，致使追求结构线条美、注重大效果的明式家具逐渐脱离人们的实际生活，人们开始执著于对家具细节与装饰的追求。特别是清中期洋玻璃的传入，改变了中国千百年来用纸糊窗户的历史。正因为室内采光的充足，使家具上所雕刻的纹饰可以被细细欣赏，从而进一步开拓了拥有繁复纹饰的家具市场。社会普遍认为家具纹饰越多越富贵，于是雕工多、耗时耗力、复杂丰富的纹饰成为了珍贵家具的重要依据。装饰工艺在家具上地不断翻新，最终形成了清式家具的一大特色。清式家具纹饰的样式受到多种因素的影响，如时代特点、地域差别、材质限制、市场需求、社会喜好等。现介绍几种清代常见的纹饰图样，如动物纹饰、花卉植物纹饰、山水纹饰、几何纹饰、博古纹饰、神话故事纹饰、诗文纹饰以及吉祥图案纹饰等。

一、动物纹饰

（一）龙凤纹

动物纹饰中的龙凤纹是象征皇权的典型纹样。清式家具中的上乘之作，如有龙凤纹，一定是气势磅礴、形象生动。但不可否认，有的作品中的龙凤纹雕饰得过于喧嚣。同时，以龙凤为主题还衍生出夔龙、螭龙、拐子龙、草龙以及夔凤等图样，都是很成功的创意。

1. 龙纹

“龙”作为特定的造型题材，在我国古代建筑与古代工艺美术品中被广泛应用，自古以来就是使用广泛的装饰纹样之一，青铜器、玉器、陶器、漆器、瓷器、金银器、绘画等无一例外均曾出现。而宫廷家具，如床榻、桌案、椅凳、几架、箱柜、屏风等，也常以龙纹作为装饰。清代初期，龙纹的形象还未曾脱离明代龙纹的遗风。顺治时期家具上龙的形象为“张牙舞爪，头细圆，上下颚长，上颚突起，如意状鼻，鼻翼两侧对称的长须向前起舞，头毛成蓬上向竖。但龙的食趾和拇趾不像明代龙爪紧紧相靠，而是距离较大，向鸡爪形状发展。故人们称清代的龙爪为‘鸡爪’”。康熙时期家具上龙的形象为“口形略带圆张口，舌随下颚伸出，舌尖上卷，不像明初的戟状，也不像明后期的匕首状”。雍正以后，有的家具还会仿明代的龙纹，但这种模仿仅表现为将龙嘴绘成猪嘴，其他部分全部是清代龙的形态。到了清末，龙纹的威武、健壮大不如前，显得老态

清·红木雕云龙纹多宝格局部——海水江崖云龙纹

清·紫檀雕云龙纹多宝格局部——云龙纹

清·紫檀嵌铜海水龙纹四扇折屏局部——龙纹

清·红木雕云龙纹箱局部——云龙纹

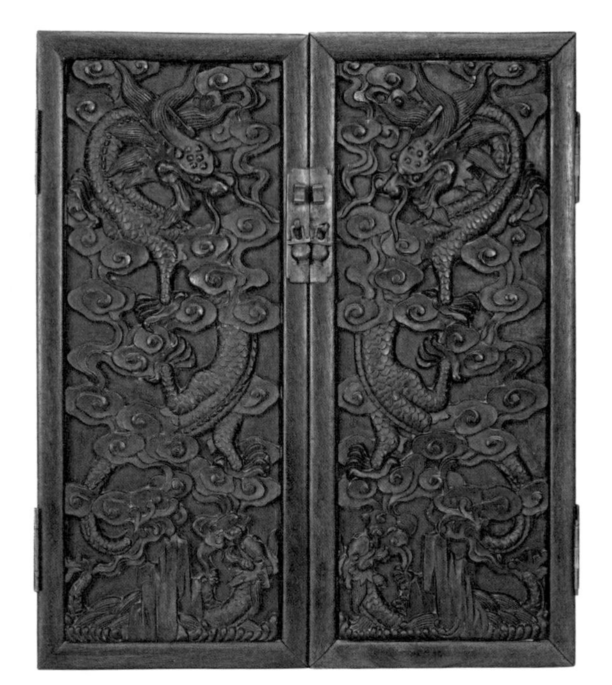

清·红木双门双屉多宝格局部——云龙纹

龙钟，毫无生气。以前龙体有三波九折的盘曲之感，而清末时盘曲少了，故有“腰体硬直之感”。

2. 凤纹

“凤具五行，夫木行为仁，为青，凤头上青，故曰戴仁也。金行为义，为白，凤颈白，故曰绥义也。火行为礼，为赤，凤背赤，故曰负礼也。水行为智，为黑，凤胸黑，故曰向智也。土行为信，为黄，凤足下黄，故曰蹈信也。”凤是以雏鸟为原型，加诸自然界各种动物最美好的部分而形成的一个被理想化和人格化了的审美形象，寓意着吉祥、美丽、高贵。凤纹是历史悠久的传统装饰纹样之一，在传统服饰、家具中曾被广泛应用，具有丰富的文化内涵。凤纹与龙纹组合形成“龙凤呈祥”的美好愿望。

清代的凤纹沿袭明代凤纹的特定造型，眼长、尾长，腿也长，

清·紫檀嵌珐琅宝座

清·紫檀嵌珐琅宝座局部——凤纹

头部像锦鸡、凤冠像如意、头部像腾云、翅膀像仙鹤，只是比明代的凤纹更为华丽、绚烂，并且拓展了组合题材，与植物、风景、人物等搭配使用，别有风味。这一时期较为流行的凤纹为草凤纹饰。

（二）蝙蝠纹

中国的福文化根深蒂固，随处可见。因“蝠”与“福”同音，借着幸“福”的谐音，蝙蝠被认为是吉祥之物，拥有“福”之美誉的蝙蝠纹也被广泛应用。蝙蝠纹可以单独使用，也可以与其他吉祥图案组合使用。如单绘五只蝙蝠纹饰意为“五福”，分别表达的是高寿、富贵、康宁、德行和善终。如果是五只蝙蝠环绕着“寿”字或是寿桃的图案，就意为“五福捧寿”，象征福寿双全。很多蝙蝠与桃子或“寿”字组成的图案，表示“多福多寿”。清代家具上的蝙蝠纹主要有倒挂式与斜飞式两种类型。倒挂式蝙蝠纹的头部主要有正面、侧面、低俯三种形态，头部比较具象，而躯干与双翼较为抽象。斜飞式蝙蝠纹有全侧视形态与半侧视形态之分，身躯有的抽象，有的具象，双翼分为两侧平展型与单侧夹肩型[6]。

清·红木福寿纹扶手椅

清·紫檀蝙蝠纹条桌

清·紫檀蝙蝠纹条桌局部——蝙蝠纹

清·紫檀云龙纹扶手椅局部——蝙蝠纹

二、花卉植物纹饰

“文化精神规范着人们的审美创造，而绚丽多姿蕴含丰富的艺术形态，也反过来改造和陶冶人们的心灵。以花卉植物为原型的装饰艺术，处于中华民族特定的文化氛围之中，不可避免地成为观念意识对象化产物，从而浸透中国传统文化精神和审美意识。”[7]繁花锦簇的花卉纹饰以及其他植物纹饰为清式家具装饰中常见的纹饰图样。清代十分重视花卉植物的装饰作用，尤其到清代中后期，在社会、文化、艺术等多个方面都有所表现，特别是在家具装饰上表现明显。常见的纹饰有牡丹纹、莲花纹、灵芝纹、忍冬纹、缠枝纹、“岁寒三友”、西洋花卉纹等。

（一）牡丹纹

明代的牡丹纹饰华丽富贵、高雅端庄，清代的牡丹纹饰花形饱满、绮丽多姿，一派繁华气象。清代推崇吉祥之意，牡丹作为寓意富贵的纹饰被广泛应用。如牡丹与荷花、瓶子相配，寓意“富贵和平”；牡丹与玉兰、海棠相配，寓意“玉堂富贵”。

清·漆五屏式山水纹手椅局部——牡丹纹

（二）莲花纹

《尔雅·释草》曰：“荷，芙蕖。其华菡萏，其实莲，其根藕。”莲花即荷花。莲花一直深受中国人的喜爱，究其原因，在于它蕴含的“出淤泥而不染，濯清涟而不妖”的精神，是中华民族审美理想的标准之一，是古人高雅品格的寄托。所以莲花一直是艺术

表现的永恒题材之一。宋代周敦颐的《爱莲说》充分表现出莲花的自然秉性、形态特征以及它所体现的人文精神、审美观念。在中国古代，青莲与“清廉”谐音，缠枝莲又有“百代连绵”的含义，所以莲花纹极受推崇。在清代，莲花纹的装饰手法采用镶嵌及雕刻的方式。硬木家具雕刻莲花纹样，以清代紫檀镂雕荷花罗汉床为典型代表。罗汉床通体雕刻荷花，密不露地，章法清楚，一花一叶都可寻梗探源，图案自然优美。

清・紫檀镂雕荷花罗汉床

（三）灵芝纹

灵芝为一种中药材，数量稀少，得来不易，因而名贵。灵芝纹寓意福寿、祥瑞。故宫博物院藏一对紫檀雕灵芝纹画案，画案仿炕几造型，面下带束腰，鼓腿彭牙。足间有横木承托，横木中间有向上翻起的灵芝纹云头。此案除案面外通体浮雕灵芝纹。大小相间，随意生发，满布，无衬地。此画案上雕刻的灵芝纹饰丰腴圆润，造型及装饰都有独到之处。

清・黑漆描金花卉山水多宝格局部——灵芝纹

（四）忍冬纹

忍冬纹被认为是佛教题材的装饰纹饰，为卷草纹的一种，在南北朝时期广为流行。忍冬装饰更多保留了希腊叶纹的形态特征，之后通过长时间的发展与创新，与中华文化整体风格融为一体，从而拓展了中国装饰纹样的多样化。忍冬纹在清式家具上常装饰于边缘部分。

清・花梨木透雕卷草纹炕桌局部——卷草纹

（五）缠枝纹

缠枝纹是我国古代艺术品中常见的传统纹饰之一。它以藤蔓和卷草为基础，结合其他花卉组合而成。由于缠枝纹的枝蔓连绵不断、生生不息，所以其寓意为吉祥永恒，为清代吉祥纹饰之一。缠枝纹的类型除了已经讲过的缠枝莲外，还有缠枝菊、缠枝牡丹、缠枝灵芝、缠枝四季花等。其变化多端的特点为家具增添了一定的艺术感染力和生命力。

清·黑漆描金缠枝花纹架几案局部——缠枝纹

（六）“岁寒三友”

松、竹、梅并称为“岁寒三友”。因松树顶风傲雪，四季常青，所以松树纹一直被誉为是长寿的象征。竹子象征刚正不阿，同时又因其生长快、易滋生，故有多子多孙的意义。梅花寒冬开花，自有风骨娇态，且有老枝发新芽的现象，因此有不老不衰之比喻。同时，梅花有五瓣，所以民间又有五福的说法。

清·红木狮纹半圆桌局部——松树纹

清·紫檀边框点翠竹插屏局部——竹子纹

清·黑漆边座嵌竹花卉双面插屏——梅花纹

（七）西洋花卉纹

与清中后期的许多艺术特点相似，清式家具纹饰呈现出西洋纹饰和我国纹饰相结合的趋势。清代宫廷家具中，呈现西洋风格的家具占有一定的比例。这类家具的图案“多为卷舒的草叶、蔷薇、大贝壳等，与当今陈列在海外各博物馆中的18至19世纪欧洲贵族和皇家家具以及同时期的西方建筑雕饰图案相类似。这些图案具有浪漫的田园色彩，十分富丽，显然能引起中国皇家、贵族的共鸣和喜爱，但却有些造作之气。至于中西结合的图案，是清代的创新之举”。据《清宫内务府造办处各作成做活计清档》记载，这种中西相结合家具上的雕饰图案是由中西画家共同参与、设计完成的，其中最著名的是意大利画家郎世宁。现存带有西洋花卉装饰图样的家具大多为广式风格。

清·绣墩西洋花纹饰

三、山水纹饰

山水纹饰是家具装饰的重要组成部分，多装饰在屏风、箱、柜等家具上。山水纹饰所占面积较大，描绘出远山近水、树石花卉、祥云点缀、吉祥鸟兽等景象，表现出物阜民丰、万方祥和的盛况，表达了人们向往幸福美满生活的愿望。

清·红木雕山水人物纹四件柜局部——山水人物纹

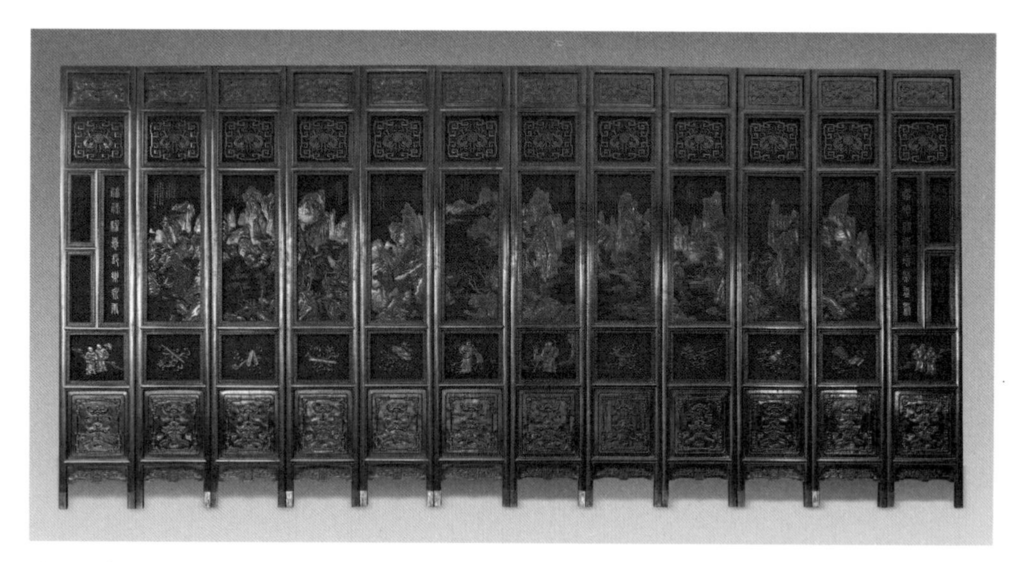

清·紫檀剔红山水福寿纹十二扇折屏

四、几何纹饰

几何纹是用简练的线条，通过多种组合变化成富有美感和规律性的图案。几何纹图案历代都有使用，到清代更为普遍。清代的几何纹饰主要有锦纹、回纹、卍字纹。

（一）锦纹

锦纹在漆器家具上使用比较多。故宫博物院收藏的一对黑漆嵌五彩螺钿山水花卉书格是现存传统家具中锦纹最多的实物。书格做工十分精细，用金银片、五彩螺钿托嵌成各种各样的花纹，其中不同花样的锦纹就有36种，而在不到一寸见方的面积上做出十几个单位的锦纹图案。花纹镶嵌得很规矩，从剥落处可以看出螺钿和金银片的厚度非常薄，显示出高超的镶嵌工艺。

清·紫檀雕山水人物亮格柜局部——锦纹套方纹

（二）回纹

回纹即“回”字形纹饰，其形态为以一个点为中心，用方角向外围环绕而形成的图案。清式家具的四脚部分常用连续的回纹做边缘性装饰，整齐划一，流畅美观。

清·紫檀嵌沉香木案局部——回纹

（三）卍字纹

卍字纹是古代的一种符咒，也是宗教的一种标志。图案式的“卍”其实就是“万”字，被喻为是火或太阳。卍字在梵文中解释为“吉祥所集”的意思，所以卍字纹也有吉祥、福寿的含义。如果卍字纹从四端一直向外延伸，又可以演化成各种锦纹。这种连绵不断的花纹有“万福万寿不断头”的意义，所以也叫“万寿锦”。

清・紫檀描金卍福纹扶手椅局部——卍字纹

五、博古纹饰

博古纹也是我国比较传统的装饰纹样之一，主要流行于明末及清代，寓意清雅高洁。所谓“博古”，即绘制的石、玉、铜、瓷等各种古器物的画。博古纹其实就是仿古图案，如仿古石雕纹、仿古玉纹、仿古青铜器纹以及由此衍生出的各类变体图案。这类纹饰在明末到清初时大量用于瓷器，从清代雍正时期开始用于装饰家具，这是清代尚古气息浓重、仿古盛行的重要表现。

清·花梨木博古纹卷书案

六、神话故事纹饰

我国的神话故事流传广泛。这些故事也被作为纹饰素材应用于丝织品、瓷器、壁画、绘画、家具等多种载体上。

（一）五岳真形图纹

五岳真形图为五座山的代表符号，分别为东岳泰山、西岳华山、南岳衡山、北岳恒山以及中岳嵩山。五岳真形图据称是太上老君最早测绘的山岳地图，有避灾获福的作用，在今河南登封县嵩山岳庙内存有此图的碑刻。“五岳是远古山神崇敬拜、五行观念和帝王巡猎封禅相结合的产物，后为道教所继承，被视为道

清·交椅局部——五岳真形图纹

教名山。”晋代葛洪的《抱朴子·遐览》中记载：“道书之重者，莫过于三皇文，五岳真形图也。古人仙官至人尊秘此道，非有仙名者不可授也。”“修道之士，栖陷山谷，须得五岳真形图佩之，山中鬼魅精灵虫虎妖怪，一切妖毒皆莫能近。”“故世人能佩此图渡江海、入山谷、夜行郊野、偶宿凶房，一切邪魔魑魅魍魉水怪山精，悉皆隐遁，不敢加害。家居供奉，横恶不起祯祥永集云。故此图不独用为佩轴，家居裱成画图，安奉亦可。”

清·平头案局部——海马负书图纹

（二）海马负书图纹

海马负书为神话传说。相传在伏羲之时，黄河中出现一匹神马，神马背部的毛形成了一幅图，称为“河图”。伏羲便按照《河图》上的自然数创造了八卦。《易·系辞上》曰：“河出图，洛出书，圣人则之。”海马负书图象征君王有德行，故神马负书而来，比喻天人感应。

（三）海屋添筹图纹

海屋添筹出自宋代苏轼的《东坡志林》：“海水变桑田时，吾辄下一筹，迩来吾筹已满十间屋。”相传，有人问相聚一起的三个老人的年龄。其中一老人回答说："每当海水变为桑田时，我就存下一根筹码，到现在已经堆满十间屋了。"故以"海屋添筹"表示祝愿人长寿之意。

清·紫檀边座红雕漆地屏风局部——海屋添筹图纹

（四）八仙图纹

八仙是我国民间神话故事中最常见的人物。关于八仙的故事，早在唐代便已经存在。传说他们皆由凡人学道而成仙，每人都有一套非凡的本事，故有"八仙过海，各显其能"之说。八仙分别为铁拐李、汉钟离、蓝采和、张果老、何仙姑、吕洞宾、韩湘子、曹国舅。他们神通广大，变化无边，善济贫穷，深受百姓推崇与爱戴。

八仙用于家具装饰上，有明八仙和暗八仙之分别。明八仙就是八位仙人，有八仙过海、八仙献寿等纹样。有时候不表现出八仙的人物形象，只描绘出八仙手中所持的八件法器，这便是暗八仙，即用八件法器代表八位仙人。这八件法器分别为铁拐李所持的葫芦，汉钟离所持的扇子，蓝采和所持的花篮，张果老所持的渔鼓，何仙姑所持的荷花，吕洞宾所持的宝剑，韩湘子所持的笛子，曹国舅所

清·红木雕八仙人物纹四件柜局部——八仙图纹

持的玉板。暗八仙可以八件法器同时出现，也可以出现四件，皆可表现八仙齐聚，祝颂长寿。

（五）八宝图纹

1. 汉族八宝图纹

汉族的八宝图是流行于江南地区的一种独特的室内装饰纹样。八宝指的是和合、玉鱼、鼓板、磬、龙门、灵芝、松、鹤等八种祥瑞之物，分别有婚姻和睦、年年有余、平安健康、家庭和睦、功名顺利、子孙兴旺、富贵长乐、延年益寿的美好含义。汉族八宝图多以神话传说为依据，纹饰美观大方，多用于屏风上。

2. 藏族八宝图纹

藏族八宝又称“八吉祥”，是佛教所用的八种宝物，也是八种符号，分别为法轮、法螺、宝伞、白盖、莲花、宝瓶、金鱼、盘肠。八宝纹样为系列性纹样，很早就出现在释迦牟尼悟道成佛的图像中，也常出现于象征佛祖的双足图案中，其中法轮、法螺、莲花等图案出现得最多。

藏族八宝图在明代时已经开始流行，到清代更是应用广泛，常与莲花一起构图，呈现折枝莲或缠枝莲托起八宝的纹样。明代和清代的八宝图排列顺序并不一样，由此可以分辨出是哪个朝代的纹饰。明代八宝图纹饰的顺序是法轮、法螺、宝伞、白盖、莲花、金鱼、宝瓶（罐）、盘肠；清代的顺序为法轮、法螺、宝伞、白盖、莲花、宝瓶（罐）、金鱼、盘肠。

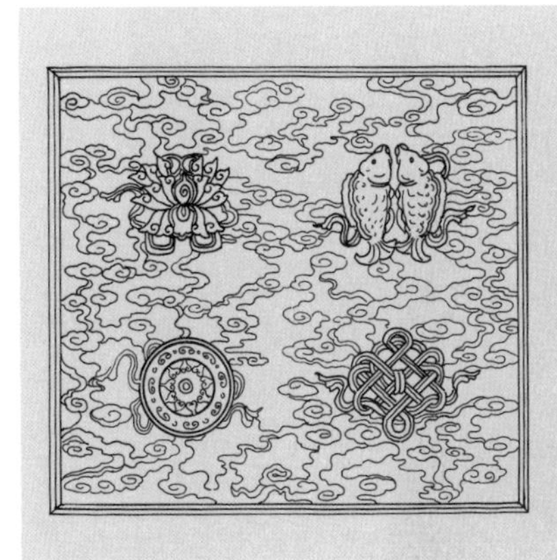

清·顶竖柜局部——八宝图纹

七、诗文纹饰

明代时已有在家具上刻诗的实例，入清之后更广为盛行。从皇亲贵族、王公大臣，到百姓人家，吟诗题词蔚为大观。世人将对于文学艺术的追求与热爱表现在了家具的纹饰上。诗文纹饰多见的形

清・紫檀诗文插屏

清・紫檀边座嵌牙雕三羊婴戏图插屏

清・紫檀剔红山水福寿纹十二扇折屏局部——对联纹饰

式为阴刻填金、填漆和起地浮雕，也有镶嵌镂雕文字的。严格分类的话，诗文纹饰的制作方法其实应该是雕饰与镶嵌的结合体。

八、吉祥图案纹饰

这一类纹饰其实也散落于以上介绍的多种纹饰中，即借用象征、谐音、寓意等手法表达人们对“福禄寿喜”这一中心主题的追求，“图必有意，意必吉祥”。比如用各种花果器物拼凑成吉祥语：两个柿子配一个如意或者一朵灵芝表示“事（柿）事（柿）如意”；在花瓶中插三个戟表示“平（瓶）升三级（戟）”；梅花枝头落了一只喜鹊表示“喜上眉（梅）梢”；鹭鸶和莲花、蝌蚪组成的图案表示“一路（鹭）连（莲）科（蝌）”；还有描绘异域番邦使臣朝贡，借以粉饰太平盛世的“番人进宝”。这些用谐音或比兴手法构造出来的吉祥图案，成为清式家具装饰纹饰的一大特点。

清·红木狮纹靠背扶手椅局部——事事如意纹饰

清・榆木雕龙纹屏风

清・榆木雕龙纹屏风局部——螭龙捧寿纹饰

清·榆木雕龙纹屏风局部——螭龙捧寿纹饰

第四节

清式家具的装饰工艺

清式家具选材讲究，造型厚重，尺寸宽大，装饰华丽，形式多样，技艺精良。清式家具的装饰颇为华丽，多采用嵌、雕、描、堆等工艺手段。其中以嵌与雕最为常用。

一、镶嵌

“镶”是把物体嵌入另一个物体内或者围在另一个物体的边缘；“嵌”是把较小的东西卡进较大东西上面的凹处。作为一种装饰工艺，镶嵌工艺在我国出现得很早，多用于首饰、工艺品的装饰。历经几千年发展，由于工艺技术、社会生产力水平、审美情趣等原因的限制，镶嵌工艺在明代之前几乎没有运用到家具制作中。到明代，家具制造行业发展迅速，其分工也逐渐细化，促进了明式家具装饰手法的多样化。于是经常与金属工艺、漆器工艺等相结合的镶嵌工艺便自然而然地被运用到家具制作当中。明代的家具镶嵌工艺较之前的金属镶嵌与漆器镶嵌有了新发展，产生了百宝嵌这样的新工艺。百宝嵌是以古老的螺钿镶嵌工艺为基础，在制作时加入宝石、象牙、玉石等珍贵材料，从而突出主题、强化装饰的一种工艺。用百宝嵌制成的图案本身会集合多种不同质地和色彩，同时随着光线角度的变化而变幻出各种各样的光泽。清代以后，百宝嵌虽只历经数十年发展，但毋庸置疑已经成为家具制作的重要装饰工艺之一，其绚烂多彩的艺术效果深受皇室喜爱。清代的百宝嵌不仅继

承、发展了传统的嵌螺钿、嵌玉石，还开创了骨嵌、木质嵌、珐琅嵌等新类型，并引用了许多西洋纹样和构图方式，为我国的传统艺术注入新的活力[8]。清宫内务府造办处生产了大量包括宫廷家具在内的百宝嵌器物，以供皇家享用。

用在家具上的镶嵌方法主要有平嵌法与凸嵌法两种。平嵌法多用于漆器家具以及某些家具的平面上；凸嵌法主要用在素色的漆木家具或者硬木家具上。平嵌法是先在家具骨架上涂一道生漆，在漆未干之前粘上麻布，用压子压实，等晾干后再涂一道生漆，趁生漆发黏时将事前准备好的嵌件纹饰粘好，再在地子上漆灰腻子两遍，每次均须打磨平整。这层细灰干后，根据所需颜色涂上各色漆，一般会上两到三遍，让漆层高过嵌件，再经打磨，让嵌件完全显露出来。最后再上一道光漆即可。凸嵌法是根据纹饰需要，先雕刻出一

清・红木嵌螺钿七屏式罗汉床

定的凹槽，将嵌件粘嵌在凹槽中，再在嵌件的表面施以适当的毛雕，使图案显得更加生动。凸嵌法的嵌件表面因高出衬底，故呈现出浮雕的立体感。

（一）螺钿类镶嵌

螺钿镶嵌技艺的产生和使用在我国历史悠久，从未间断，明代时开始运用于家具的装饰上，到清代时广为流传。清式家具上嵌螺钿的固定搭配有黑漆地嵌螺钿、黄花梨嵌螺钿、紫檀嵌螺钿等。螺钿因其硬度的不同而分为硬螺钿和软螺钿。硬螺钿一般是海蚌的硬壳，如

清·红木嵌螺钿架几案局部

砗磲，个头大，壳硬，外表为褐色，有凹渠，切开磨制后呈白色，可用于装饰。软螺钿取自小海螺的内表皮，薄而脆，很难剥取，但是颜色缤纷，十分好看，故又有“五彩螺钿”之称。软螺钿一般镶嵌在椅背、桌沿、屏框上。嵌螺钿的家具保存得会比较完好一些，因为螺钿不容易脱落，而漆也有保护家具的功效[9]。

清·红木嵌螺钿三屏式榻局部（一）

清·红木嵌螺钿三屏式榻局部（二）

（二）玉石类镶嵌

用于镶嵌的玉石多为下脚料，有青玉、碧玉、墨玉、牛油玉、翡翠、玛瑙、水晶、碧玺、金星石、芙蓉石、孔雀石、青金石等。这些玉石料多镶嵌于家具的面板、牙板、屏心、屏框上。

清·红木扶手椅

清·红木雕竹节床局部

清·黄花梨百宝嵌小柜

清・黄花梨百宝嵌官皮箱及托盘

（三）瓷板类镶嵌

将各式各样的彩瓷镶嵌入家具中，也是清式家具镶嵌装饰的种类之一，以青花、粉彩、五彩、刻瓷为主，为家具增添了无限活力。此类家具江西地区制作得较多。

清・黑漆嵌青花瓷板罗汉床

（四）珊瑚类镶嵌

珊瑚有红、白两个种类，因量少而昂贵，宫中常将其制作成手串或者念珠，偶尔也可作为家具的镶嵌用料。

清・酸枝木边框嵌染牙作坊图挂屏及局部

（五）牙角类镶嵌

牙角类镶嵌的材质包括象牙、犀牛角、水牛角、牛骨、象骨等。象骨经染色处理后可代替象牙。用牙角类材质雕刻成各种图形装饰在家具上，可收到华贵、高雅的艺术效果。

（六）珐琅类镶嵌

“珐琅又称‘佛郎’‘拂郎’‘法蓝’，是以矿物质的硅、铅丹、硼砂、长石、石英等原料按照适当的比例混合，分别加入各种呈色的金属氧化物，经焙烧磨碎制成粉末状的彩料后，再依珐琅工艺的不同做法，填嵌或绘制于以金属或瓷做胎的器物上，经烘烧而成为珐琅制品。”[10]珐琅器一般有按胎骨材质及加工方法分类和按珐琅釉料性质及处理方法分类两种分类方法。按胎骨材质分类的珐琅器主要包括金属胎珐琅器和瓷胎画珐琅。金属胎珐琅器根据胎骨加工方法又可以分为掐丝珐琅器、錾胎珐琅器、画珐琅器、锤胎珐琅器和透明珐琅器等。由于不同的胎骨加工方法与施用的珐琅釉料性质及处理方法具有一定的对应关系，所以按珐琅釉料进行的分类与按胎骨分类是可相互融合的。

清代家具装饰上常见的是铜胎掐丝珐琅。铜胎掐丝珐琅又称“景泰蓝”。清代掐丝珐琅的铜胎比明代的薄，造型品种却比明代的多，花纹较明代的更为复杂、华丽。其设色也与明代不同，由蜜

清·紫檀嵌珐琅绣墩

蜡黄、油红转而近似蛋黄色和紫红色。珐琅颜色斑斓，与木质呈明显对比，乃中西文化合璧的经典代表。

二、雕刻

雕饰繁复是清式家具的重要特点之一。家具上雕饰的图案不仅与家具的产地有对应关系，也可以作为判定家具制作年代的参考。如可以根据家具上的雕饰图案与有款识的瓷器等工艺品进行比照，从而推断出家具的年代。此外，雕饰图案和雕饰工艺也是判定一件家具的产地、时代以及使用者的社会阶层的重要参考依据[11]。

经过长期的实践、探索、总结，我国的木雕技法分为“圆雕、浅浮雕、高浮雕、通雕、阴雕、透空双面雕和镶嵌雕”七大类。其中圆雕和通雕主要应用在艺术品和小摆件上，家具上应用较少。清式家具主要使用的木雕技法为浅浮雕、高浮雕、阴雕、透空双面雕和镶嵌雕五种。现介绍浮雕（浅浮雕、高浮雕）、阴雕以及透空双面雕这几种技法。

（一）浮雕

浮雕是“一种平面上的浮凸表现”，可分为浅浮雕和高浮雕两

清·红木雕云龙纹书案

清·红木雕云龙纹书案局部（一）

清·红木雕云龙纹书案局部（二）

种形式。表现对象的压缩体形凹凸不超过圆雕的二分之一的为浅浮雕，超过二分之一就是高浮雕。浅浮雕接近于绘画，线条流畅，有清淡静雅的艺术效果；高浮雕接近于雕塑，结构饱满，疏密得当，错落有致，栩栩如生。

清·紫檀雕花卉纹多宝格局部

清·紫檀五开光鼓钉纹绣墩

（二）阴雕

阴雕也称为“沉雕”，是凹于木材平面的一种雕刻方式。阴雕工艺比较简单，一般在刷上较深颜色油漆的木材上进行雕刻，可以产生黑白分明、近似水墨画般的艺术效果。阴雕在家具上使用得也不太多。

（三）透空双面雕

透空双面雕类似苏州的双面刺绣，就是在同一种材质上正反两面雕刻出一种图案，或是在同一种材质上正反两面雕刻出不同的图案。这种雕刻方式需要高超的技艺和巧妙的构思。

雕刻时刀法应圆熟，无滞郁，十分注重磨功，将各种雕饰表面磨制得细致圆润、莹华如玉，丝毫不露刻凿痕迹。磨工是对雕刻的修形与抛光，是对家具再创和升华的过程。清代磨工技艺之精湛，后世再未达到。“三分雕七分磨”的行业术语，道出了雕与磨在工

清・黄花梨供桌

清·黄花梨扶手椅

艺上的比例关系。“从某种意义上说，每一件优秀的清式家具都是优秀的木雕艺术品。木雕艺术已不单纯是清式家具制作过程中一种技法，而是清式家具装饰中的一个重要的组成部分，给稳重华丽的清式家具增加了画龙点睛的作用。”

三、髹漆

除了硬木家具，清代的漆器家具应用也很广泛。各种工艺的漆制家具色彩绚丽、纹饰华美，具有斑斓瑰丽的艺术效果。清式漆器家具以吉祥图案为装饰主题，反映了人们对美好生活的向往和追求。其主要特征为“造型庄重、雕饰繁重、体量宽大、气度宏伟，脱离了宋、明以来家具秀丽实用的淳朴气质，形成了清式家具的风格”。从技法上，清式雕漆家具主要有洒金、描金、描漆、填漆、戗金等几种类型，其中白描金彩手法是清代典型的髹漆方式，也是鉴定清式南方家具的依据之一。

（一）洒金

洒金的做法是将金箔碾成末儿，洒在漆地上，再刷一层透明漆。在漆器家具中的山水风景装饰中常用此方法，以装饰云、霞、山、水等。

洒金工艺

（二）描金

描金在髹漆工艺中运用较多，是一种在光亮的漆地上描以金色花纹的方法。在底色的衬托下，描金花纹显得格外明快、富丽。具体制作方法为先制作好黑色或红色的漆面，经打磨、推光后，用半透明漆调以朱色漆来薄描花纹，称为打“金脚漆”，至漆将干时，再用丝棉球着金粉敷于花纹上，描金花纹就完成了[12]。当然，在具体操作上还有许多讲究，比如对金脚漆干湿程度的掌握就是很重要的一环，如上金粉过早，金粉的附着量太多，会影响到色泽的明亮程度。这种用丝棉球着金粉的做法又可称为“泥金”。《髹饰录》曰：“描金，一名泥金画漆，即纯金花纹也。朱地、黑质共宜

焉。”在日本，泥金画漆被称为“莳绘”。日本的莳绘工艺源于中国，到清代时已有很大发展，且反过来对中国髹漆工艺起到了积极的影响。

清·黑漆描金云龙纹宝座局部

（三）描漆

描漆就是在光素的漆地上用各种色漆描画花纹。由于受漆色品种的限制，有些调不出来的色彩会在实施过程中结合描油的手法进

清·描彩漆嵌螺钿花卉纹长方桌局部

行调制。

（四）填漆

填漆就是在漆面上阴刻出花纹，然后按照纹饰的色彩用漆填平，或是用稠漆在漆面上做出高低不平的地子，再根据纹饰的要求填入各色漆，待干后磨平。

（五）戗金

戗金就是指“在朱色或黑色的单色漆器表面上，采用特制的针或细雕刀，进行雕刻或刻划出较纤细的纹样后，在刻划的花纹中上金漆，花纹露出金色的阴文者，则称‘戗金漆器’”。制作漆器时，在漆面表面上刻划花纹称为“戗划”。戗划之后若填以金漆，则称为“戗金”；若填以银漆，则称为“戗银”；若填入其他色漆，则称为“戗彩”。

清・填漆戗金云龙纹海棠式香几局部

第五节

清式家具的流派

清代以前，尽管不同区域所生产的家具在功能与造型方面各有不同，但其风格差别尚不足以形成不同的流派。进入清代以后，海禁一度被取消，西方的艺术与文化再一次影响到我国的建筑、绘画、家具等各个艺术领域。而皇宫贵族对豪华奢侈生活的极致追求促使了工匠对艺术品制作的精益求精。到清代乾隆时期，因造型、装饰、制作工艺以及产地的不同，形成了苏作、广作、京作、晋作等家具流派。其中以苏作、广作、京作为主要流派，形成三足鼎立之势[13]。

一、苏作

苏式家具是指“以苏州为中心的长江下游一带所生产的家具”。苏式家具风格很早便已形成，精妙绝伦的明式家具就是以苏式家具为主。苏式家具造型优美、线条流畅、结构合理、简约大方。但进入清代以后，苏式家具也随着社会风气的变化而开始有向华而不实转变的趋势。

苏式家具的规格都不是很大，用料比较合理、节俭。常见的苏式椅子，除了主要的承重构件外，其他部分多用碎料攒成。如椅子的靠背扶手主要采用拐子纹来装饰，因为这种装饰用料不多。再比如椅面下面的牙条被制作得十分窄薄，座面的边框也不宽，中间不用板心而是用席子代替，节省了不少木材。苏式家具也经常采用包镶的手法以节约用料。包镶就是先用杂木做家具的骨架，再从骨架外面粘贴上硬木薄板，做得好的话，如果不仔细观察，很难发现是用包镶方式制作的家具。包镶做法费时费力，但它既节省了材料，同时又保证了家具的整体效果。苏式家具的箱、柜等家具的内部一般都会上漆，一方面为了防潮和变形，另一方面起到遮丑的作用，从而体现出苏式家具对细节的完美追求。

清代苏式家具的镶嵌和雕刻工艺主要表现在箱、柜和屏风类家具上。以常见的箱类家具为例，苏式箱类家具一般先用硬木做成箱子的框架，然后用松木板或杉木板做成面，用大漆漆成一色的漆面。待漆面阴干后就可以装饰图案了。装饰时，先在漆面上描出原稿的图案，按照原稿图案用刀挖槽，然后将事先准备好的各种嵌件镶进槽里，再用胶粘牢就完成了。苏式家具中镶嵌装饰的规模一般不大，需要大面积装饰的家具并不多。常见的镶嵌材料有玉石、象牙、螺钿等。苏式家具进行镶嵌工艺时也是尽量节俭，哪怕是玉石碎渣或螺钿碎末，都会巧妙地运用到家具的装饰上。

清・紫檀雕回纹平头案

在装饰题材方面，苏式家具偏爱松竹梅、花鸟、山水风景以及各种神话传说等，经常采用海水云龙、海水江崖、双龙戏珠、龙凤呈祥、折枝花卉等吉祥纹饰。其中，苏式家具的局部装饰花纹多以缠枝莲和缠枝牡丹为主，西洋花纹很少见；而广式家具的局部装饰花纹多为西番莲，这便是苏式家具和广式家具的一个重要区别。

清·紫檀描金卍福纹扶手椅

二、广作

广式家具大约于清代中叶形成自己的风格，是清式家具的典型样式之一。明末清初，大量西方传教士来华，促进了东西方文化的进一步交流。广州由于其港口的特殊地理位置，成为我国对外贸易和文化交流的重要门户。到清代中叶，广州掀起了模仿西洋形式的风潮，建筑、艺术品、家具等都带有西方巴洛克式与洛可可式艺术风格的印记，反映出不同的社会文化现象与不同的审美情趣[14]。广式家具“大胆吸收了西方豪华、奔放、高雅、华贵的特点，并以各种曲线造型丰富了传统的清式风格，使其从原来的素朴、单纯的直线造型逐渐转变为多变、富有动感的曲线造型。它表现为追求富丽、豪华、纤巧和婉约，同时也使用多种装饰材料，融合多种东西方艺术表现形式，从而形成了自己鲜明的风格和时代特征”。广式家具用料粗大、体质厚重、雕刻繁复，重视束腰、家具腿足部分的雕刻，装饰花纹采用当时流行的西番莲纹。

广式家具用料宽大，追求木性的整体性，一件器物多由一种木料制成，不喜拼接。其纹饰繁多，雕刻深隽，刀法圆润，精工细作。广式家具的雕刻技艺深受西方雕刻艺术的影响，注重细节与立体感，个别部位近乎圆雕。家具表面平滑流畅，不见刀痕，无论图案如何复杂，家具地子都会被处理得平整光滑，表现出技艺的高超。广式家具的装饰题材和纹饰受西方建筑文化影响也很深，如广式家具上经常装饰的西番莲纹。西番莲是西方的一种花，原产于西欧，因其匍地蔓生的特色，被图案化后当作了缠枝花纹的一种[15]。西番莲纹线条流畅，变化无穷，衔接巧妙，难辨头尾，所以可以根据器形的不同而随意延伸。西番莲纹多装饰于广式家具的牙子、板面上。除了西洋花纹之外，传统纹饰如夔纹、海水云龙、凤纹、螭纹以及各种花边装饰等也很常见，故形成了广式家具兼容并包、交相促进、新颖奇巧的纹饰特点。

值得注意的是，广式家具上的镶嵌工艺发展迅速，被广泛应用

清·紫檀雕西洋花纹扶手椅

清·紫檀嵌珐琅边玻璃油画圆挂屏

清·紫檀边框点翠嵌牙渔家乐插屏

于屏风类、箱柜类等家具上。在我国传统的镶嵌工艺主要以漆为地，而广式家具的镶嵌却很少用漆，这是区别于其他家具流派的一个显著特征。广式家具的镶嵌原料主要有象牙、珊瑚、翡翠、景泰蓝、玻璃油画等，镶嵌的内容包括山水风景、树石花卉、走兽飞禽、神话故事以及反映现实生活的风土人情等题材。广式家具中的屏风类家具经常用玻璃油画作为装饰材料。玻璃油画就是在玻璃上画油彩画。这种工艺在明末清初时由欧洲传入中国，在广州兴起、发展。

三、京作

京作家具制作技艺诞生于都城北京，是在明清宫廷家具发展过程中逐渐形成的家具流派，至今已有三四百年的历史，与苏作、广作并称为中国硬木家具的三大流派。北京是明清两代京城所在地，汇集全国之精华。清代的京作家具旨为满足皇室起居生活的奢华要求而制作，故追求豪华、宽大、雍容、威严的风格。康乾盛世时期，硬木家具备受统治者的青睐。苏州、广州等地的能工巧匠被招募到京城，专门设计、制造硬木家具。但统治者的审美情趣与江南文人并不完全相同，且皇宫大殿和内宫的环境需要隆重、气派的家具与之相衬，从而促进了京作家具的形成与发展。

京作家具用料讲究，以紫檀木和黄花梨为首选，也会用楠木、乌木、榉木、酸枝木等制成；京作家具讲究卯榫结构，严丝合缝，落落大方。京作家具一般由清宫内务府造办处制作。造办处是清代制作皇室生活用品、艺术品、少部分军需用品的皇家作坊，内设多个小作坊，分门别类，其中就有木作，也有单独的广木作。木作的工匠有一部分旗匠，还有一部分苏匠。苏匠是从江南地区挑选入京的木匠，其所制作的家具明显带有苏作家具的风格。广木作中的工匠基本上都是从广东选拔过来的优秀木匠，所制作的家具也较多地体现出广作家具的风格。造办处在制作某一件器物前必须先画样呈览，经皇帝批准后才可制作。有的时候皇帝会提出一些修改意见，如将用料改小一些或增大一些、将装饰的嵌件换一下等，久而久之就形成了京作家具，自成一派。

京作家具较苏作家具来说用料稍大，与广作家具相比用料又稍显小，体量适中，尺寸合理，一木形成，不掺假。从纹饰上看，京作家具具有独特的皇家风格。北京皇宫内收藏了大量的古代铜器、玉器、石刻等艺术品，这些艺术品是京作家具纹饰的素材库。通过选择、创新，带有北京宫廷特色的纹饰被巧妙地装饰在家具上。这种装饰在明代时就已出现，清代在明代的基础上使用得更加广泛了。京作家具的纹饰主要有夔纹、夔凤纹、拐子纹、螭纹、蟠纹、虬纹、饕餮纹、兽面纹、雷纹、蝉纹、勾卷云纹等，形成了雍容大气、绚丽豪华的装饰风格，体现了帝王贵胄的审美情趣。

京作家具制作技艺在清代乾隆年间达到鼎盛，嘉庆、道光以后逐渐流散于民间。新中国成立后，由于国家采取积极的抢救、扶持的保护政策，京作家具制作技艺得到一定程度的恢复与发展。其集实用性和艺术性于一身的制作技艺，加之珍贵的材料、合理的结构、庄重典雅的造型以及细腻美观的雕饰，使之成为品位高雅的居家装饰品，具有极高的艺术价值和学术价值。

清·紫檀透雕云幅纹架几案

四、晋作

山西是我国黄河流域文化的发祥地之一，具有深厚的中原文化气息。山西古典家具的风格在清朝初期以前不甚明显，不能作为一个流派，只能笼统地归属为明式家具。到清代乾隆以后，我国各地的家具流派才真正成型，晋作家具便形成于这一时期。山西地区经济落后，地域封闭，交通不便。南方珍贵的硬木家具价格昂贵，资源有限，基本只能满足京城皇家和达官贵人的需要。晋商显贵只能独辟蹊径，寻找能够替代珍贵硬木，又能较好地体现富贵、典雅风格的木材做家具。从此晋作家具走上了“就地取材、仿红木家具又渗入地域文化特征的发展道路”。以其材质独特、形状古朴的特色，逐渐成为一个独立于传统三大家具流派的重要分支。

晋作家具的材质风格和广作、京作、苏作家具的根本区别就是就地取材，多以当地盛产的高档核桃木以及榆木为木材。由于取材方便，所以晋作家具用料大气、尺寸大，造型敦实厚重，朴实无华，“有上古时期石凳之遗风，这是和山西自夏朝以来就有的黄河文明分不开的；又由于明清至民国初年，晋商崛起，山西富豪多，所以三晋大地多广厦豪宅，其内必有家具陈设，这部分家具又有豪华富贵的特征”[16]。在艺术风格上，除了对各个流派兼收并蓄外，晋作家具还注重模仿清朝紫檀家具的制作工艺。

第六节

清式宫廷家具的特点

清式宫廷家具是指“清政府为配置紫禁城和圆明园、避暑山庄等行宫以及方便皇家外出使用而制作的家具”。清式宫廷家具是清式家具中的精品，囊括了清式家具的所有特点，包括用料珍贵、装饰繁复、中西结合等，也包括宫廷家具独有的特点，如有统治者的直接参与等。

一、用料珍贵

“根据《清宫内务府造办处档案总汇》中有关清宫造办处的档案记录，乾隆在位六十年内宫廷所用木料品种丰富，有紫檀木、黄花梨、花梨木、楠木、杉木、乌木、黄杨木、桦木、松木、椴木、椵木、桐木、柏木、铁梨木、黄木、杨木、梧桐木、鸂鶒木、红豆木、高丽木、沉香木、樟木等20多种。其中紫檀木、黄花梨、楠木最为常用，也最为名贵。”清式家具规格庞大，用料珍贵，紫檀家具、黄花梨家具、楠木家具等比比皆是。以极为珍稀的紫檀家具为例。民间素有“紫檀无大料，十檀九空”之说，大料紫檀很少见，多用紫檀制作扇骨、小造像等。而故宫博物院现存的清式紫檀大案竟长达三米，还有两米高的紫檀大柜，足见清式家具用料之珍贵。

紫檀家具从清代中期开始流行，但紫檀木的采伐其实主要集中于明代晚期。因为明代偏爱颜色鲜亮、明快的黄花梨家具，所以紫檀木一直未被使用。到了康熙晚期，黄花梨逐渐匮乏，再加上玻璃

的广泛使用，使室内的采光条件得到改善，紫檀家具从而逐渐崭露头角，成为当时的流行时尚。紫檀木性稳定，木质坚实，纹理细腻，色调深沉，适于雕刻，给人稳重大方、敦实华贵的感觉。但是紫檀木存量有限，皇家还要不时从私商手里高价收购。《清宫内务府造办处各作成做活计清档》中几乎每年都有收购紫檀木的记录。正因为紫檀木的珍贵和稀少，从清中期开始逐渐形成一个不成文的规定，即无论是哪级的官吏，只要见到紫檀木皆如数买下，上交皇宫或各地皇家制造机构。故宫博物院收藏的清代宫廷遗留的紫檀家具中大件器物占很大的比重。当然，其中的一些紫檀大柜子也是由鱼鳔胶或猪膘胶拼接的，但使用的紫檀木材的确是比较大的料。

另外，清式家具的装饰材质也很名贵，包括玉石、珠宝、螺钿、象牙、瓷板、云石、珐琅等，起到画龙点睛的作用。

二、装饰繁复

清代是中国家具发展的高峰期，清初基本沿袭了明式家具的风格，到了乾隆时期，由于国力昌盛，经济及手工业的高速发展，再加之统治阶层好大喜功的心理作用，使清式家具呈现出精雕细作、装饰繁复的特色。能工巧匠利用珍贵木材，融合多种高超技艺，尽情驰骋于斧凿之间，制作出了大量的家具精品。乾隆时期的清式家具已不再只为满足统治者坐卧起居等基本生活的需要，而是形成“求多、求满、求富贵”的风格特点。清式内务府造办处的錾花作、珐琅作、镶嵌作、镀金作、漆作以及玻璃厂等，都在配合家具的制作，通过提供配套附件，使得木工工艺与其他工艺形式相结合，形成清式宫廷家具的创新风格和主要特征。

清式家具追求繁华装饰，应用了嵌、雕、描、堆等各种工艺。

为了追求新奇出彩的效果，制作者几乎使用了当时一切可以利用的装饰材料，在家具制作与各种工艺品相结合的探索上殚精竭虑，力求新奇。其中采用最多的装饰手法当属镶嵌和雕饰。

清式家具就整体而言，清前期到清中期，雕饰颇具特色。尤其是上等家具的雕饰，属于创新的写实艺术，制作技艺达到了历史的顶峰。而清晚期家具的雕饰大都粗俗泛滥，清末家具工艺的衰退之势尽显[17]。

清·紫檀云龙纹双屉小四件柜

清·紫檀云龙纹双屉小四件柜局部（一）

清·紫檀云龙纹双屉小四件柜局部（二）

三、中西结合

清式家具不仅继承了明式家具的优点，而且对西方文化也进行了大胆借鉴，可谓是清式家具的创举。受西方文化影响的清式家具大约有两种形式，一种是直接采用了西洋家具的样式和结构，数量较少，没有形成规模，且做工比较粗糙，难登大雅之堂；第二种则以我国传统家具的造型与结构为基础，采用西洋家具的式样或纹饰。清式家具的设计方案与画样，除了由本国工匠设计之外，也会有西洋工匠参与其中。西洋工匠把西方的巴洛克、洛可可装饰风格引入清代宫廷家具中，形成中西结合的风格。从现存的清式家具来看，以传统家具为基础、借鉴西洋家具的样式与纹样的家具占有相当的比重。清代晚期，广式家具在保留清朝传统家具优点的基础上，充分吸收欧式家具华丽优雅的艺术风格，中西合璧后更具艺术鉴赏价值，是近年来家具收藏的热门之一。

四、统治者的直接参与

传统审美有其历史渊源和传承关系，是一代又一代制造者和接受者共同作用的，符合当时当地的审美需求，并不断丰富、演变，最终形成既有的意识和认知。在帝制社会，尤其是宫廷空间内，直接影响清式家具创作风格的因素来自于统治者的审美倾向，这是特定时期的特定因素。宫廷家具旨在为统治者服务，不带有商品属性，不需要通过买卖获取利润，仅为特殊阶层制造，那么这个阶层的审美，尤其是最高统治者的审美便直接决定了清式宫廷家具的风格。这种风格有一般性和特殊性的区分，一般性的审美譬如吉祥图案的大量使用是统治者普遍所首肯的，乃传统审美；而特殊性则取决于不同统治者的个人审美。

统治者的直接参与是体现其审美的主要途径。雍正皇帝对包括家具在内的所有艺术品都有很高的要求，他对制造机构所呈献的活计称赞“甚好”或“留样”的次数很有限，偶有满意的样式，就下旨多做几件或使用其他材质再做几件。但更为常态的是不满意，于是按其认识和喜好对造办处制作的器物重新修改。雍正皇帝对于中国传统木器有深刻的理解，熟悉木器的结构与工艺，因而从设计到制作，从局部到整体，都提出过很好的修改意见，并总结出所有宫廷器物都要达到“恭造式样”的制作标准，其具体表现为秀气、素净、雅致、精细。所以雍正时期制作的家具被认为是清式家具的最高水平。

注　释

[1] 《北京文物精粹大系》编委会、北京市文物局：《北京文物精粹大系·家具卷》，北京出版社2003年版。
[2] 孟红雨：《谈谈“清代家具”与“清式家具”》，《文物鉴定与鉴赏》，2011年第3期。
[3] 胡德生：《古代的椅和凳》，《故宫博物院院刊》，1996年第3期。
[4] 白玉老虎、阳光：《清式屏风：古典的华贵》，《市场瞭望》，2007年第6期。
[5] 张德祥：《中国古代屏风源流》，《收藏家》，1995年第3期。
[6] 邵丹、宋魁彦：《清代家具中蝙蝠纹局部造型艺术探究》，《美与时代》，2011年第6期。
[7] 于剑：《青花缠枝莲纹的起源及审美》，《中国陶瓷》，2006年第4期。
[8] 王乙茼：《清代家具镶嵌工艺研究》，硕士论文，2011年5月。
[9] 王乙茼：《清代家具镶嵌工艺研究》，硕士论文，2011年5月。
[10] 郭桂珍：《珐琅器浅谈》，《文物世界》，2009年第3期。
[11] 田家青：《清代家具的雕饰》，《收藏家》，1996年第2期。
[12] 倪建林：《金彩漆器——中华传统漆艺鉴赏》，《中国美术教育》，2002年第6期。

[13] 叶志远、吴智慧、商宝龙：《清代“三作”家具的比较研究》，《家具》，2007年第1期。
[14] 傅丹、章晨：《明清家具与洛可可家具风格比较》，《景德镇陶瓷》，2010年第2期。
[15] 卢洁：《论西方文化对清代广式家具的影响》，《湘潭师范学院学报（自然科学版）》，2008年第4期。
[16] 曲遂光、曲蕙蕙：《“晋作家具”初探》，《文物世界》，2005年第2期。
[17] 田家青：《清代家具的雕饰》，《收藏家》，1996年第2期。

后记 AFTERWORD

作为重要的文化遗产，北京地区的古代家具以明清两代为盛，无论从材质、纹饰，还是工艺、种类等，均体现出都城文化及皇家风范。明清家具各有特色，但无不是对古代家具工艺的极致追求，皆有经久不衰的魅力。

本书依托众多前人的研究成果，在理论层面上可谓网罗大众，而在与家具文物接触上实为欠缺。

笔者曾有幸参观过首都博物馆文物库房中的精品家具，欣赏了保存完好的明式家具珍品以及美妙绝伦的清式螺钿家具珍品，并了解到在目前条件下，首都博物馆仅能展出少量的家具文物，而大部分家具珍品离公开展示还需要相当长的时间。因为除了场地等外在条件外，部分家具本身还需要清洗、修整，家具的资料也需要进一步梳理、研究。

笔者十分推崇中国国家博物馆曾举办的《大美木艺——中国明清家具珍品》展。展览全部以裸展的形式展出，使参观者可以近距离地欣赏与观察。展览所遴选的近百件家具珍品，均为中国明清时期髹漆家具和硬木家具的精华，也是中国古代家具发展历程中巅峰时期的代表。通过这批家具珍品，使广大观众充分了解了明清家具的造型方式和工艺特点，全面感受到明清家具所蕴含的深厚、柔美、风雅等特点。此展览的展品不足百件，但件件是精华，体现出明清时期不同家具种类的工艺、造型等特征。

随着家具收藏风潮的继续兴盛、专业研究成果的不断更新、考古发现的不断涌现，北京地区明清家具将会一直绽放恒久的魅力与光彩。

李　梅

2015年8月10日